酸酸甜甜的
生物科學糖果

探索生物學裡的10個關鍵字

陽華堂—著　南東完—圖
魏汝安—譯

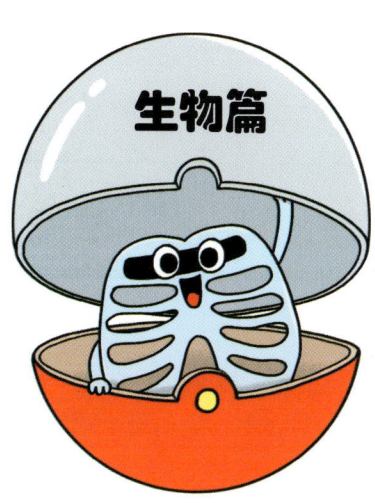

尋找10個關鍵字 GO, GO!

地球人

屁	9
尿液	13
氧氣瓶	17
氧氣外送員	21
肋骨	25
肌肉	29
毛髮	33
五感	37
大腦	41
鼻水	45

動物

腳	55
翅膀	59
鰭	63
口器	67
公與母	71
蛋	75
叫聲	79
偽裝天才	83
最佳友誼	87
寵物	91

植物

根	101
葉綠素	105
氣孔	109
莖	113
狩獵植物	117
花	121
搬到遠方	125
樹木	129
請勿觸碰	133
樹林	137

地球人

2 腸胃在消化

我是在消化食物的時候所產生的氣體，
和吃東西時吞下的空氣混合後一起排出體外。
你說我臭？
那就要看吃下肚的是什麼了。

會產生超臭屁味的食物…

雞蛋
火鍋
地瓜
高麗菜
魚

不吃就不會放臭屁了嗎？

這是不可能的，人要進食才能生存。
因為食物中含有人體所需的營養。

10

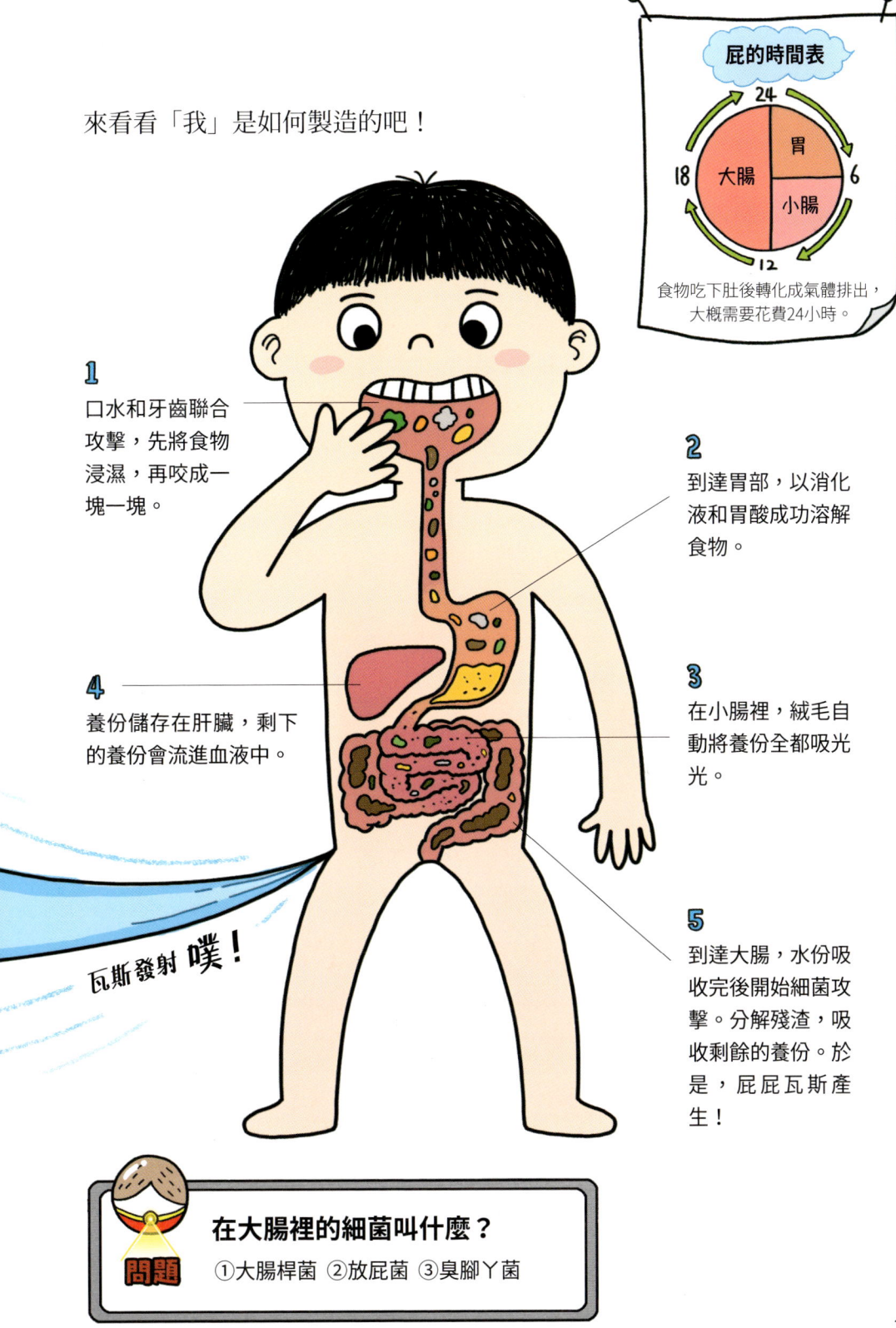

來看看「我」是如何製造的吧!

屁的時間表

食物吃下肚後轉化成氣體排出，大概需要花費24小時。

1 口水和牙齒聯合攻擊，先將食物浸濕，再咬成一塊一塊。

2 到達胃部，以消化液和胃酸成功溶解食物。

3 在小腸裡，絨毛自動將養份全都吸光光。

4 養份儲存在肝臟，剩下的養份會流進血液中。

5 到達大腸，水份吸收完後開始細菌攻擊。分解殘渣，吸收剩餘的養份。於是，屁屁瓦斯產生！

瓦斯發射 噗！

問題：在大腸裡的細菌叫什麼？
①大腸桿菌 ②放屁菌 ③臭腳丫菌

11

# 大腸桿菌

因為聚集在大腸中，
所以這裡的細菌叫大腸桿菌。
因為大腸桿菌是細菌，所以會覺得它是壞菌吧？
並不是喔！其實它可是會擊退進到身體裡的真正壞菌，
並且分解殘渣製造養份。
現在所剩的殘渣就沒用了，將它排出體外吧！
用力，嗯啊！哇，出來了一個比我還要臭的傢伙。

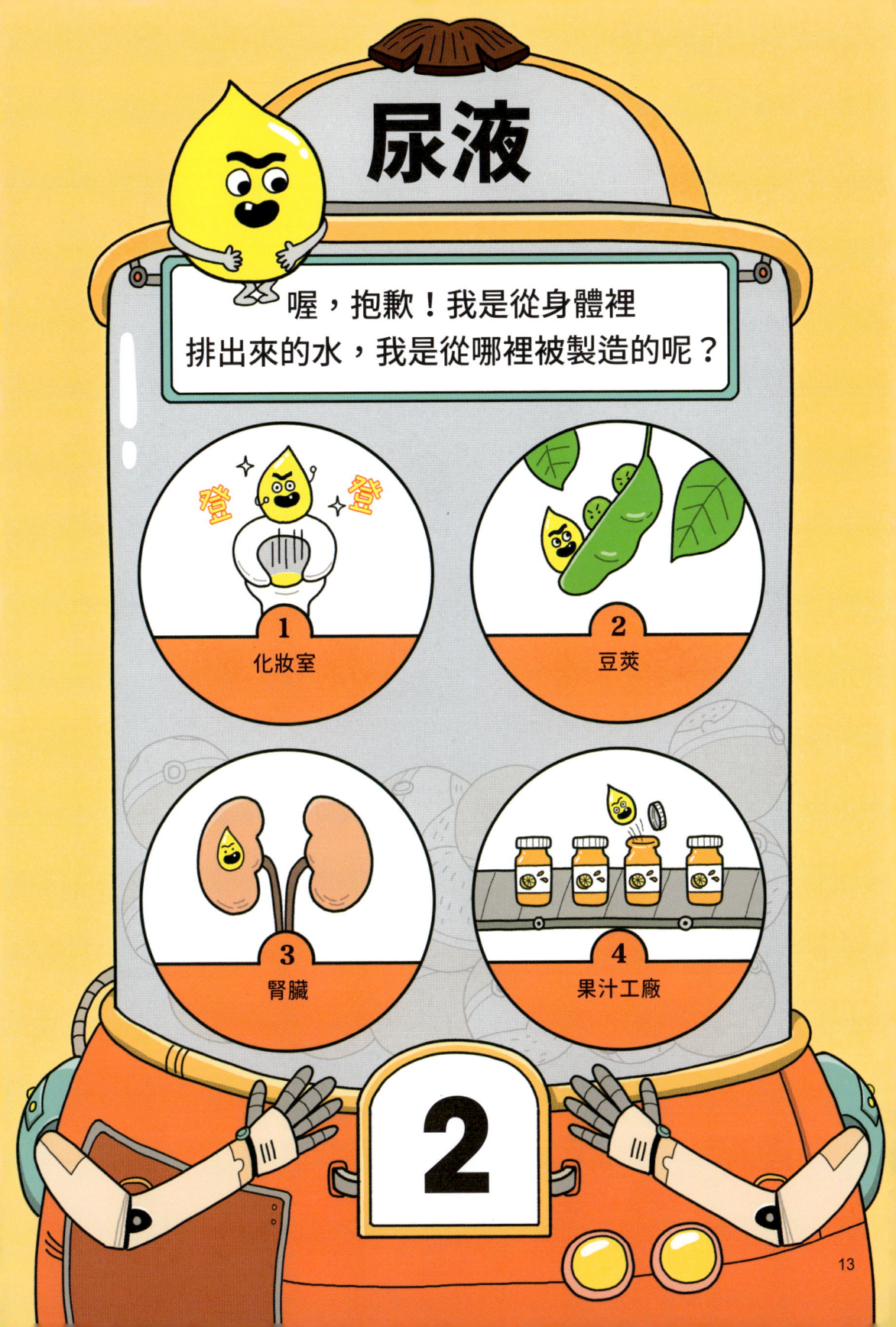

3 腎臟

腎臟位於腰的後方,兩個為一對。

形狀像豌豆,顏色像紅豆,所以又被叫作扁豆。

平常喝水時,水裡的雜質會和血液一起被運送到腎臟。

來看看尿液是怎樣從腎臟中產生的吧!

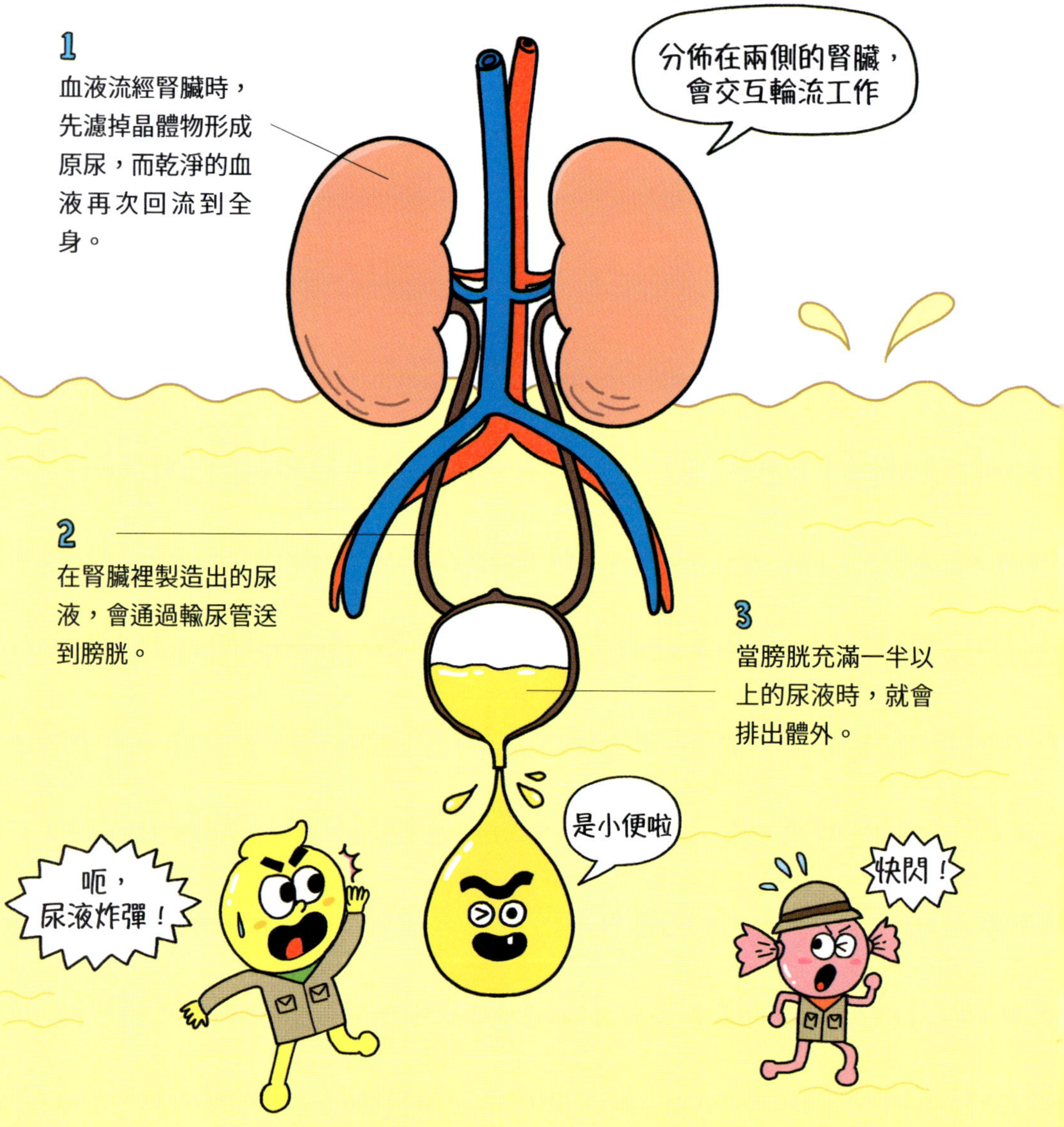

1
血液流經腎臟時,先濾掉晶體物形成原尿,而乾淨的血液再次回流到全身。

分佈在兩側的腎臟,會交互輪流工作

2
在腎臟裡製造出的尿液,會通過輸尿管送到膀胱。

3
當膀胱充滿一半以上的尿液時,就會排出體外。

呃,尿液炸彈!

是小便啦

快閃!

14

尿液中的成份大多是水和尿素，並包含鹽等晶體物。
其中尿素排出體外帶有黃色，也有點味道。如果不排尿的話，
這些晶體物會持續累積在體內，造成身體水腫且有生命危險。

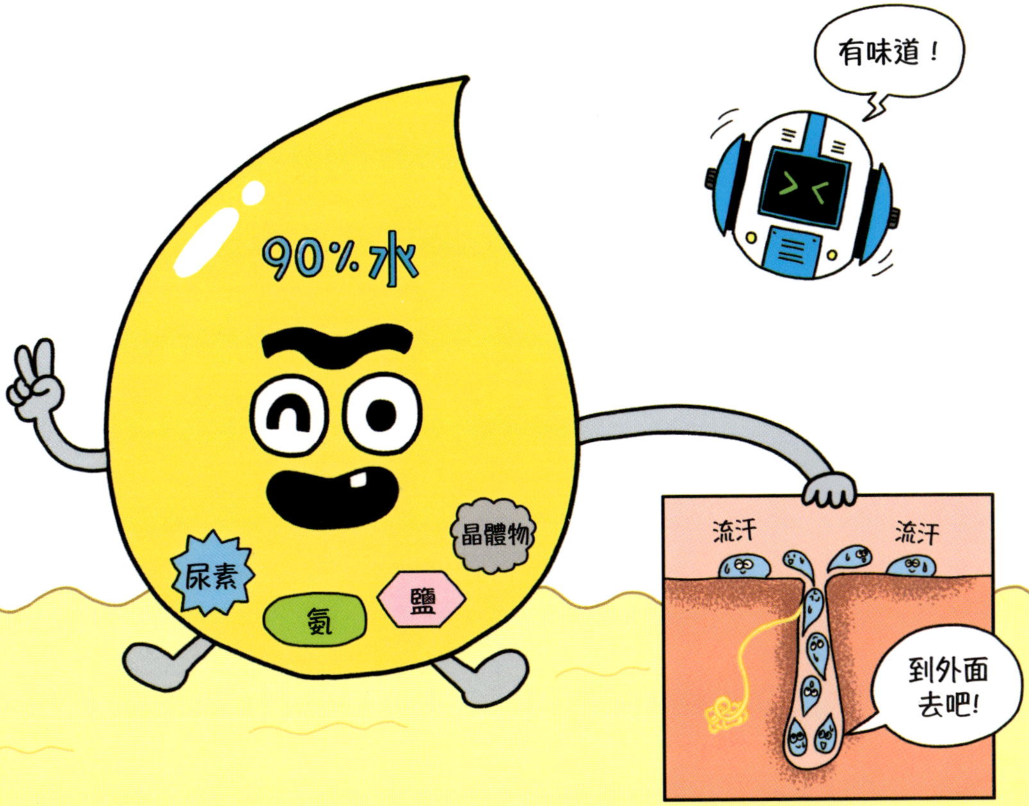

我們身體的晶體物也會透過汗液排出。
皮膚裡的汗腺聚集了水、無機鹽類、晶體物等，形成了汗液。
通過汗管從毛孔排出體外。

問題 有句話是「在結冰的腳上放〇〇」。〇〇裡要填入的字是什麼？
①蠟燭 ②尿液 ③眼淚

2 尿液

倒一些尿液在結凍的腳上,就可以讓冰融化。
這是因為尿液很溫暖。

溫熱的尿液排出體外時,體內的熱氣會瞬間降低。這時為了提升體溫,身體會抖一下。

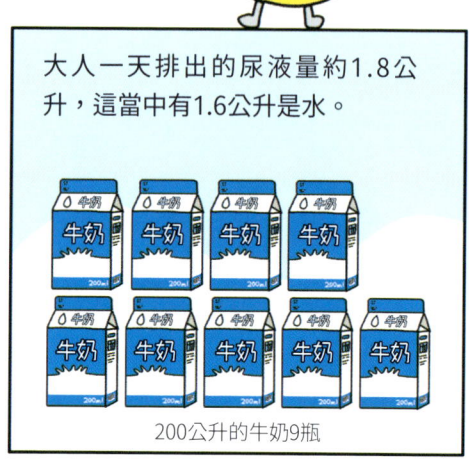

大人一天排出的尿液量約1.8公升,這當中有1.6公升是水。

200公升的牛奶9瓶

身體攝取的飲食量,就是尿液的排泄量。

不夠的部分就靠喝水補充。

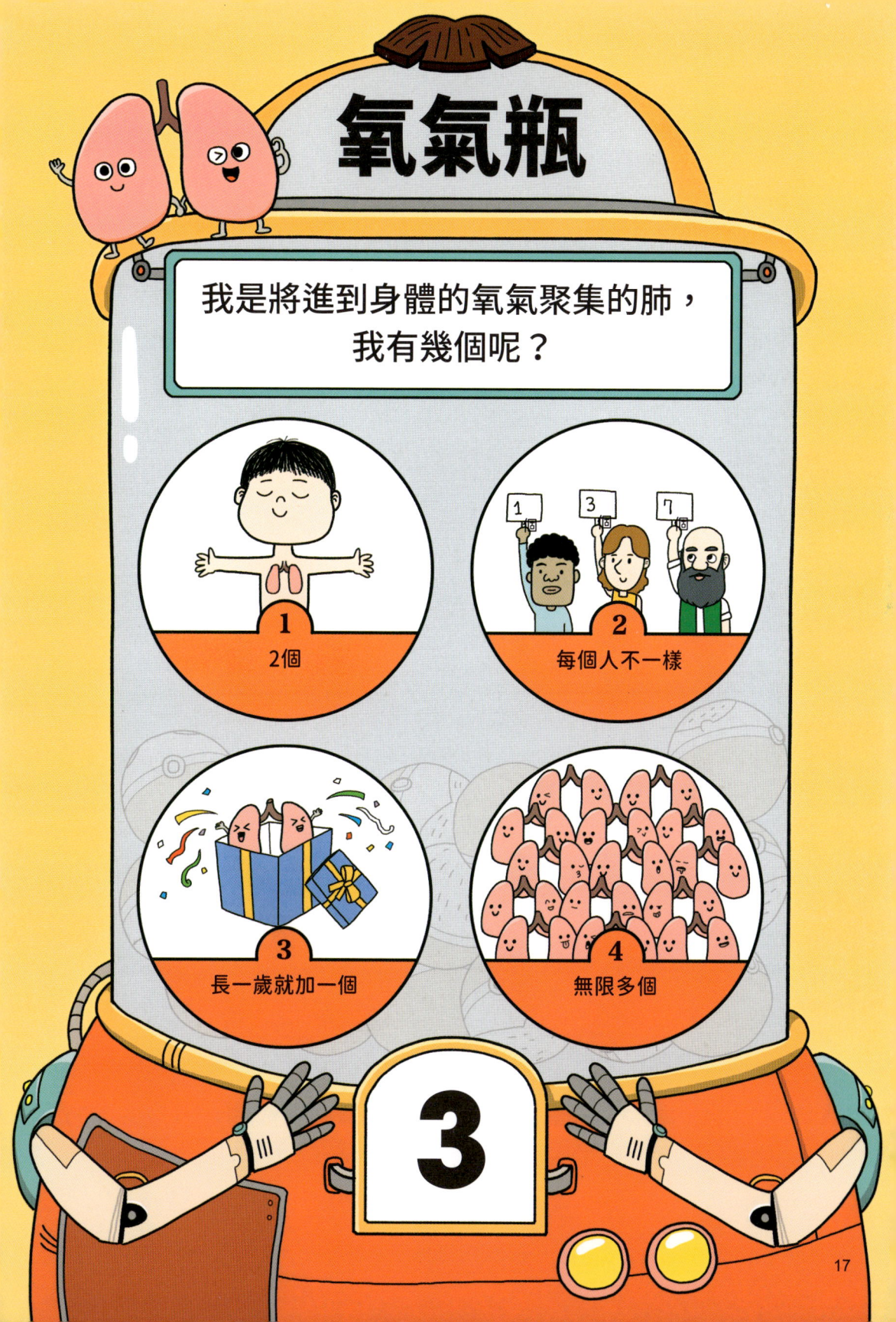

 2個

O月O日 體內天氣：暢快

人類要有氧氣才能存活，
所以我一刻也不能休息。
透過鼻子和嘴巴呼吸，
將氧氣吸進肺部，其餘的則排出去。
吸氣和吐氣，1分鐘循環12～20次。
進行呼吸時，下方的橫隔膜會幫助我。

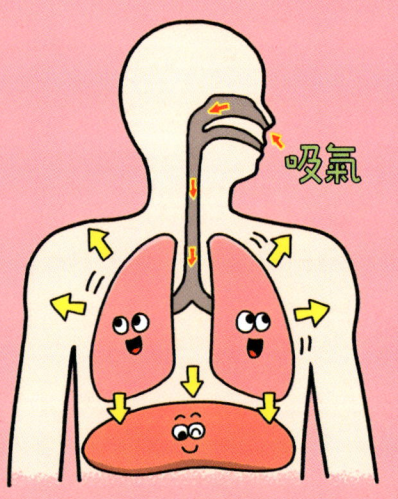

橫隔膜下沉，我就會變大，
空氣才能進來。

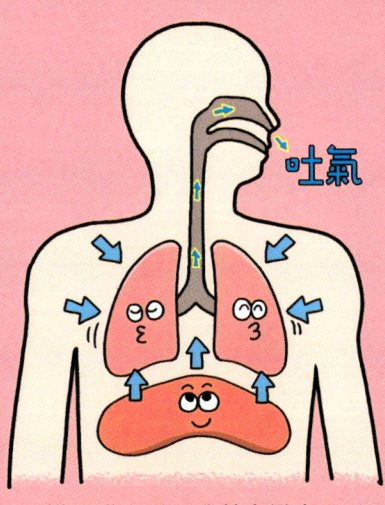

橫隔膜上升，我就會變窄，
把空氣推出去。

肺部雙胞胎的日記

O月O日 體內天氣：舒暢

今天灰塵那傢伙透過鼻子進來了。

「嘻嘻，我來參觀一下肺吧！」

「嘿嘿！誰說你可以進來？」

肺泡將灰塵擋在門外，真是可靠的門神。

只有氧氣才能通過，

其他通通滾出去！

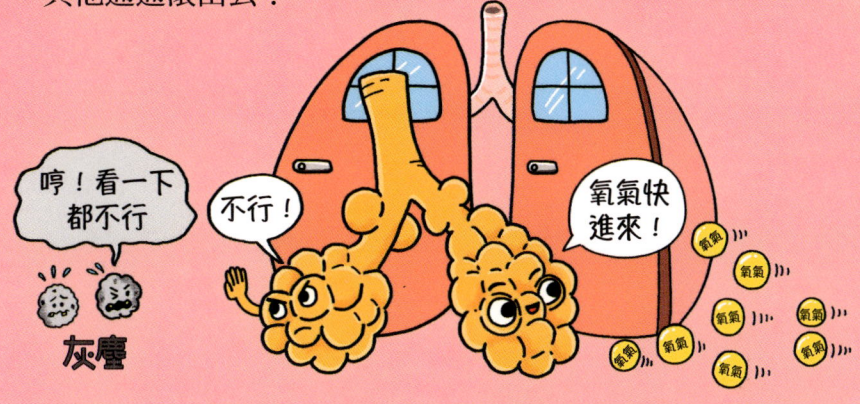

O月O日 體內天氣：不舒服

嗝！嗝！橫隔膜突然震動，開始打嗝。

這時候除了等待，還是等待。

呃，好累啊…

 **問題** 能夠吸入很多空氣的人，會怎麼形容呢？
①嘴巴很大　②肺活量大　③肝大

2 肺活量大

一次能夠吸入很多空氣的人，我們會形容他們是肺活量大。
可以一口氣吸進許多氧氣，活動久一點也不覺得累。
透過運動能夠漸漸提升肺活量，
你要不要也來試試看呢？

原地開合跳　　慢跑　　跳繩

吸入乾淨的空氣也是很重要的。
當髒空氣進入到體內，會將氧氣濾掉，我就會感到疲憊。
要愛護我，才能夠好好呼吸啊！

時常保持通風

吸進新鮮空氣，精神好！

空氣不佳時，請戴上口罩！

地球人會將氧氣儲存在體內啊！

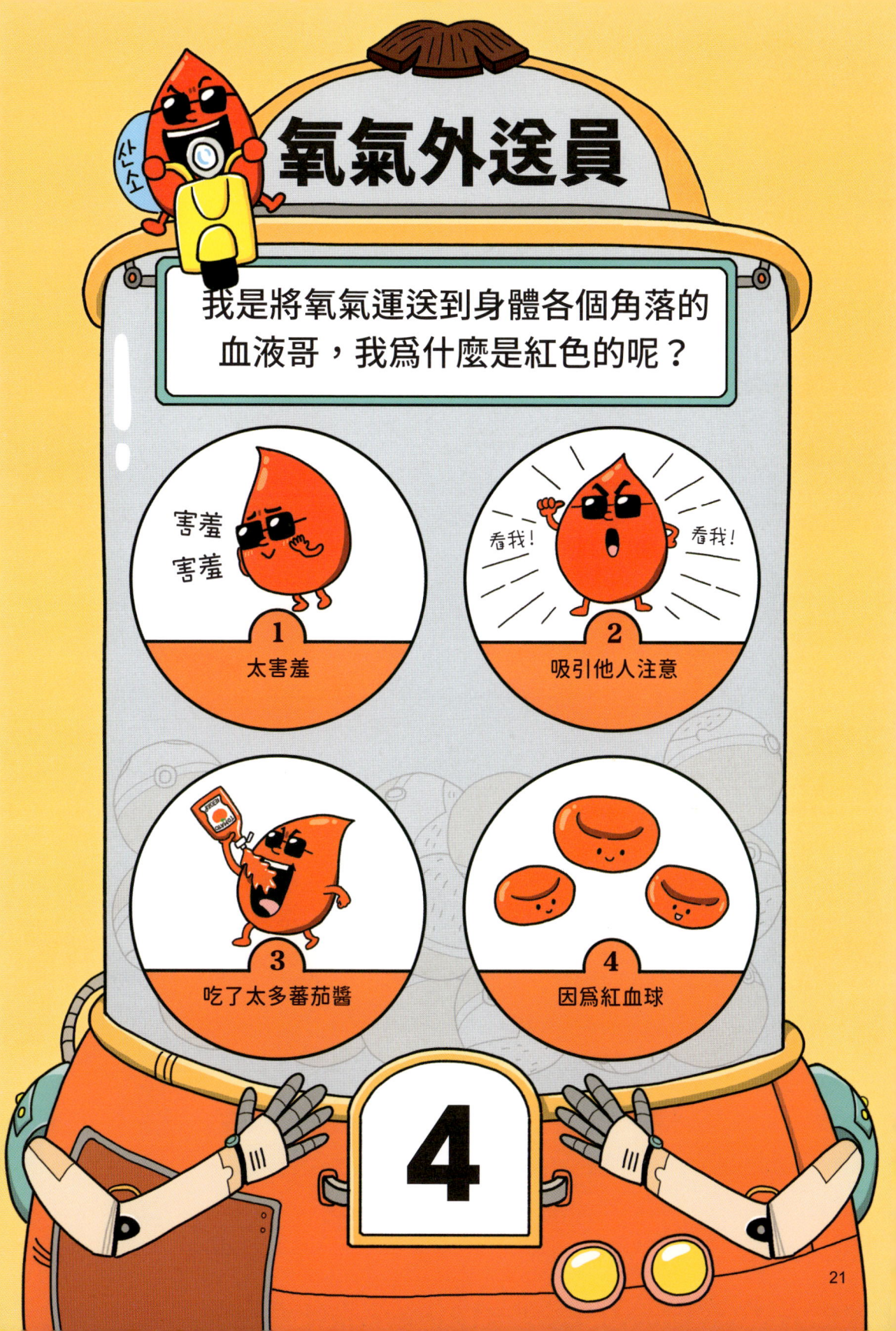

4 因為紅血球

我會呈現紅色是因為有紅色色素的紅血球，
隨著分佈全身的血管流動，運送養份和氧氣，
身體會吸收轉換成能量使用。
心臟操作著我的運作，
心臟位於左胸，大小約一個拳頭。
我會隨著心臟的跳動，
流遍全身再次回到心臟，完成一次循環。
要不要和我一起外送啊！

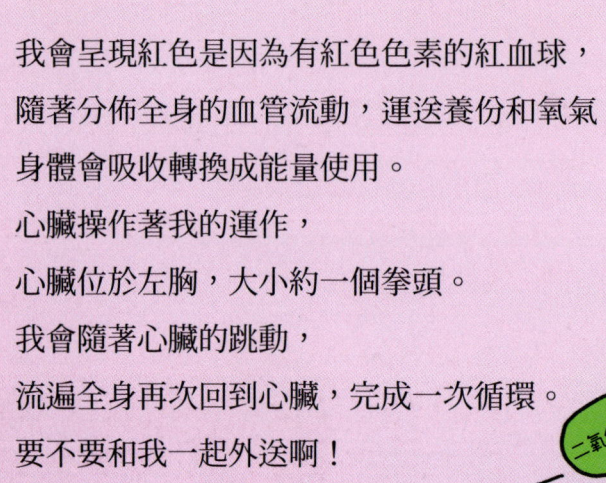

4
一路收取廢物和二氧化碳，經過腎臟
時，就會卸下廢物。

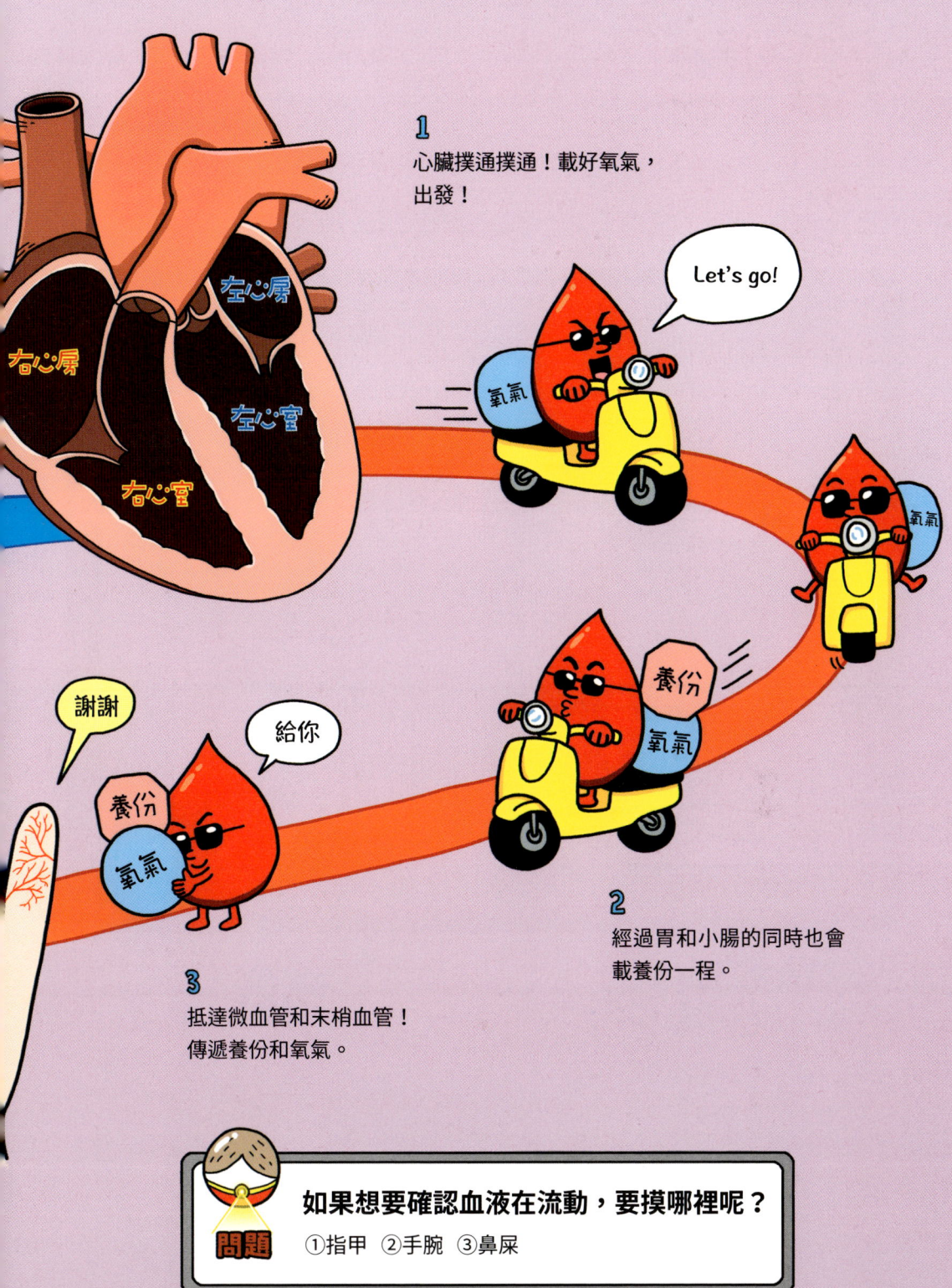

 **手腕**

用手指試著按壓以下的部位。

感覺到噗通噗通的跳動了嗎？這是我經過動脈的關係喔！

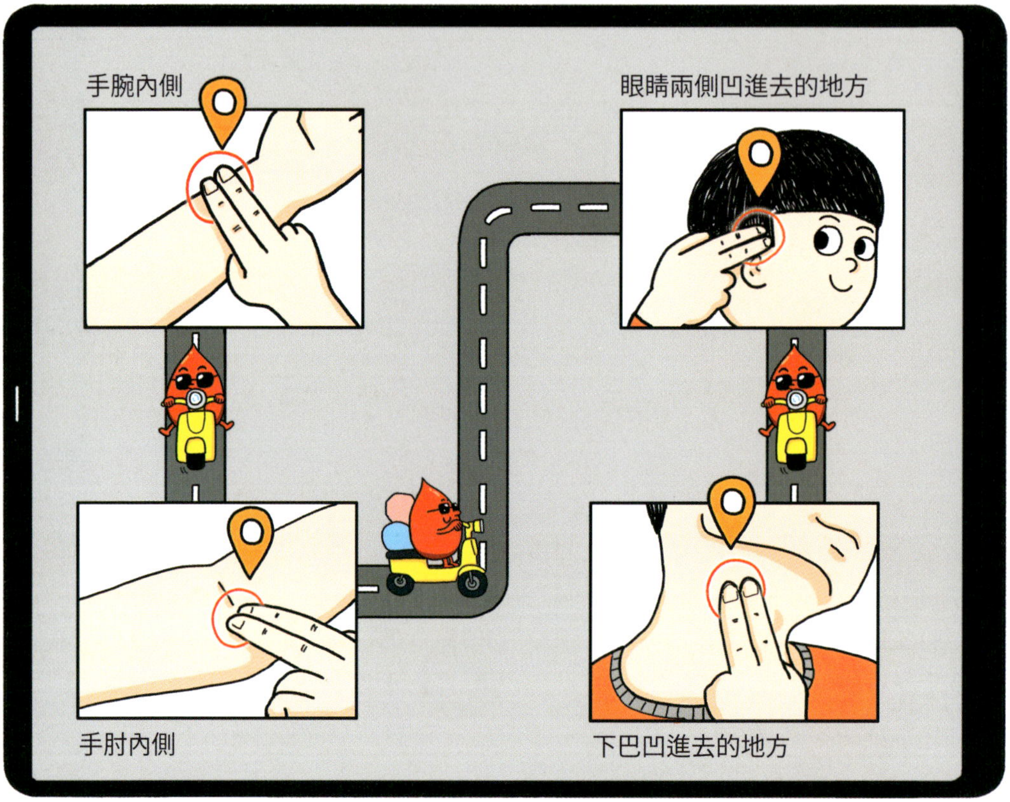

手腕內側	眼睛兩側凹進去的地方
手肘內側	下巴凹進去的地方

這個跳動稱之為脈搏。

一般1分鐘約跳60～100下，

與心臟將我送出的次數一樣。

幫我量脈搏

地球人的心跳噗通噗通！

脈搏跳動是活著的象徵

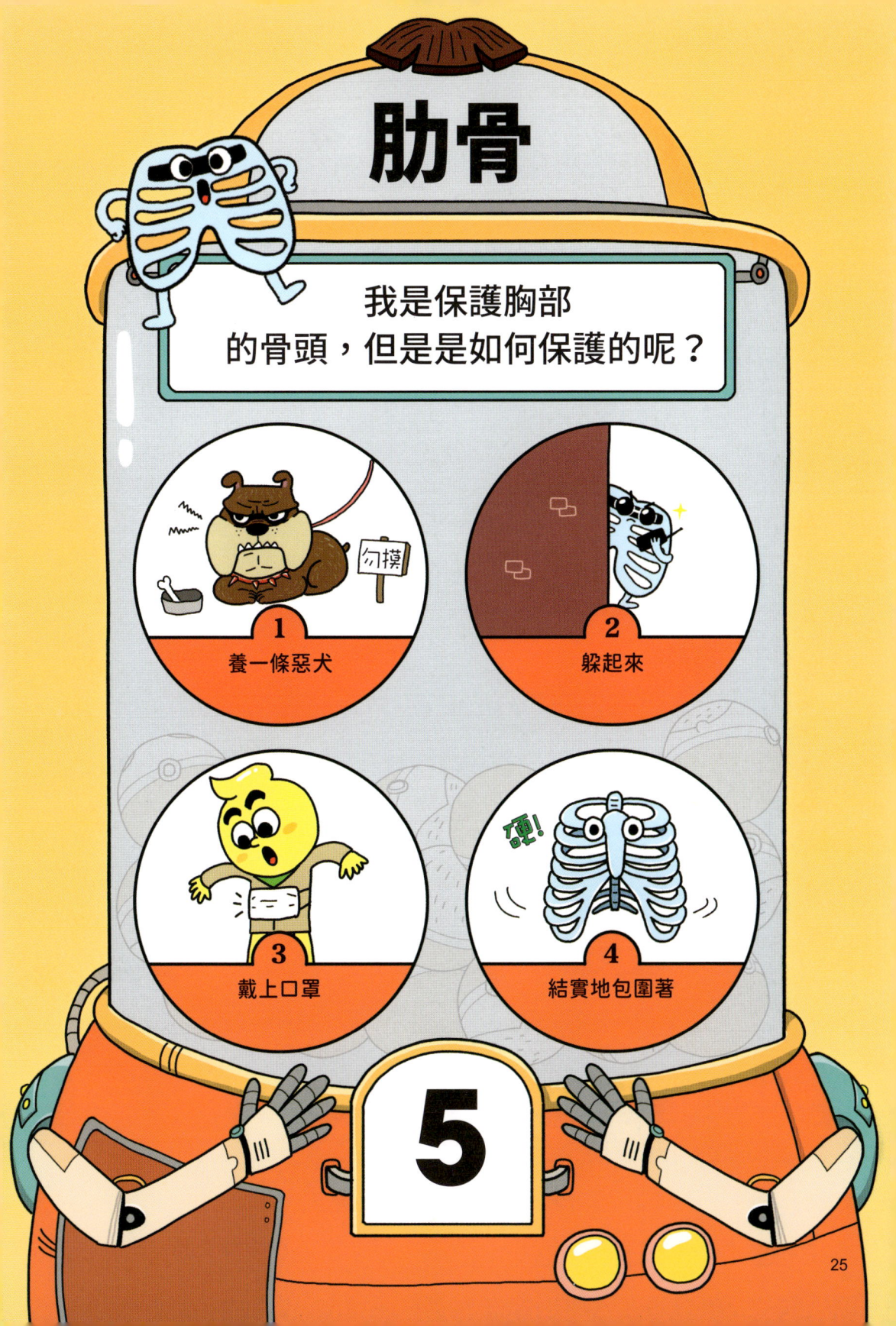

4 結實地包圍著

除了牙齒以外，身體中最堅固的就是骨頭了。
我們的骨頭會保護身體重要的器官，
也擔任穩固身形的角色。

> 我是如弓箭般彎彎的排骨，12對骨頭包住肺、心臟、胃、肝等，保護著他們。還有其他重要的骨頭喔！

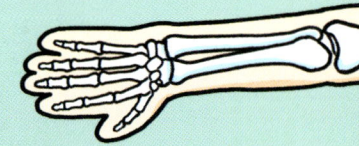

> 寬大的骨盆，保護大腸和膀胱，並連接身體和腿。

> 修長的腿骨，可行走或奔跑。

> 骷髏頭好可怕！

> 我怎麼覺得很可愛？

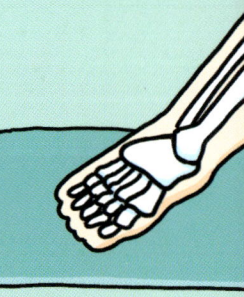

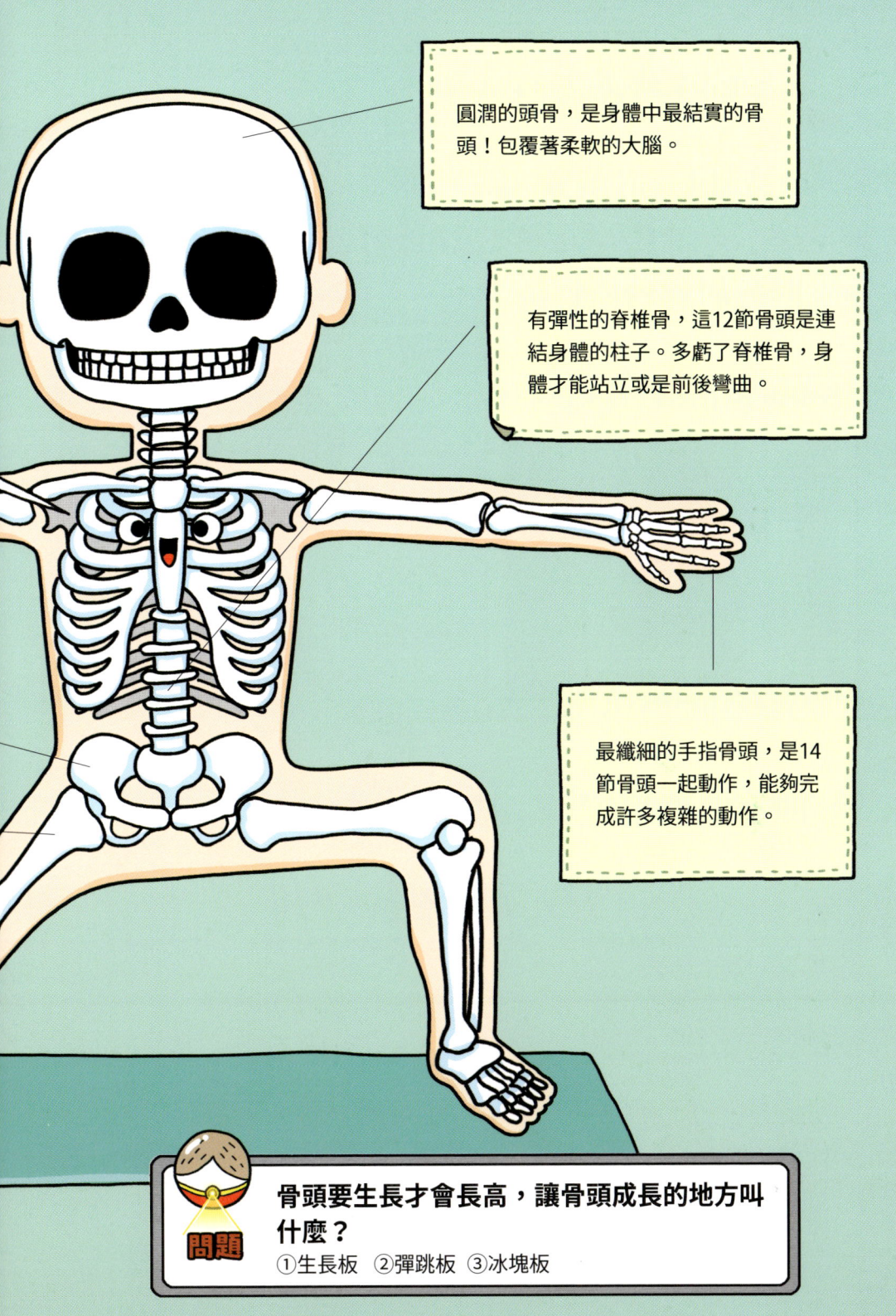

 **生長板**

使骨頭生長的生長板，
位於手指骨頭、手骨、腿骨等修長的骨頭末端。
特別是膝蓋後面有很多的生長板。

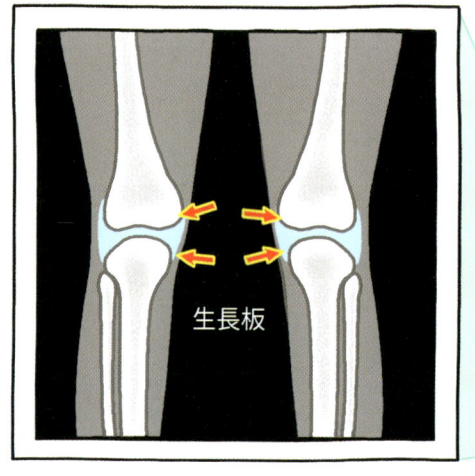

生長板

像打籃球這類彈跳較多的運動，
會刺激膝蓋的生長板，能夠長得更高。
不過，當發育成熟後，生長板就會變成堅硬的
骨頭，就不會再長高了。

地球人是有骨頭的！

我想要成為有骨頭的糖果！

太帥了！

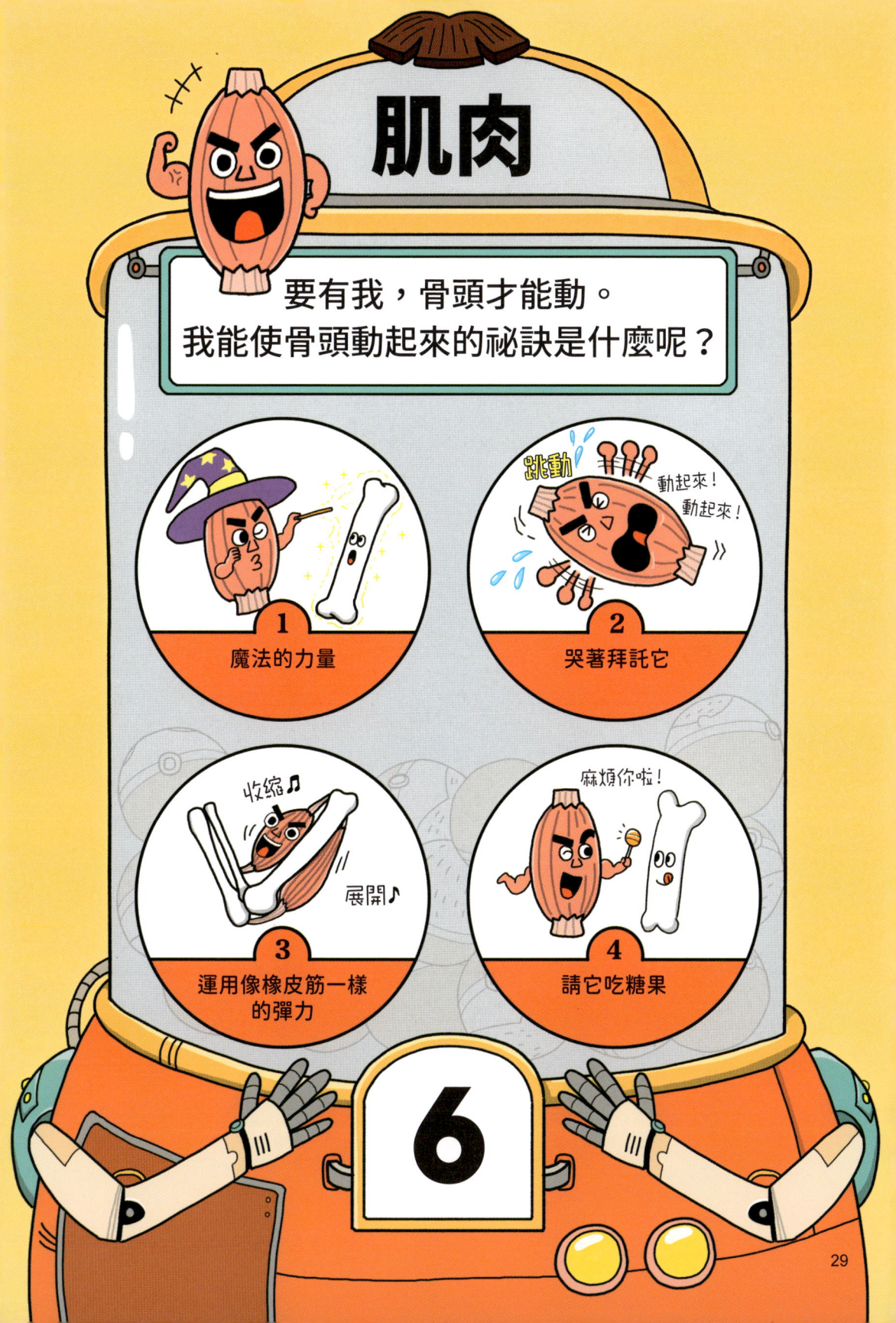

3 運用彈力

我長在骨頭的上面,因為有彈力,所以可以彎曲。也正因為這種能力,身體可以做出很多動作,要來試試看嗎?

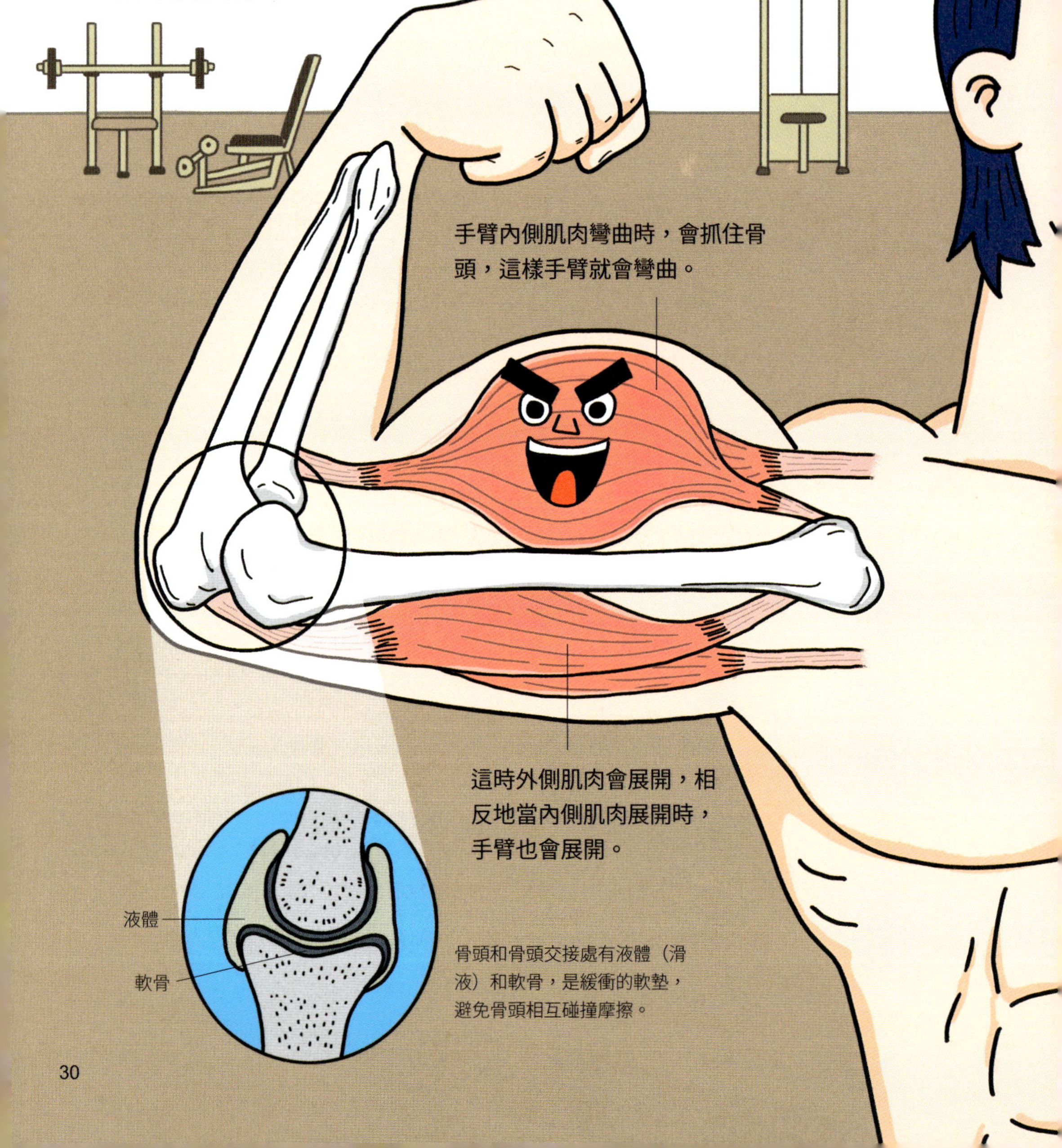

手臂內側肌肉彎曲時,會抓住骨頭,這樣手臂就會彎曲。

這時外側肌肉會展開,相反地當內側肌肉展開時,手臂也會展開。

液體

軟骨

骨頭和骨頭交接處有液體(滑液)和軟骨,是緩衝的軟墊,避免骨頭相互碰撞摩擦。

我是由如同細絲的一束束肌纖維（肌肉細胞）所組成。
只要運動肌纖維就會變大，力氣也會變大。
那就能跑得比別人又快又遠。
但如果過分運動，
肌肉會疼痛，也會造成撕裂。

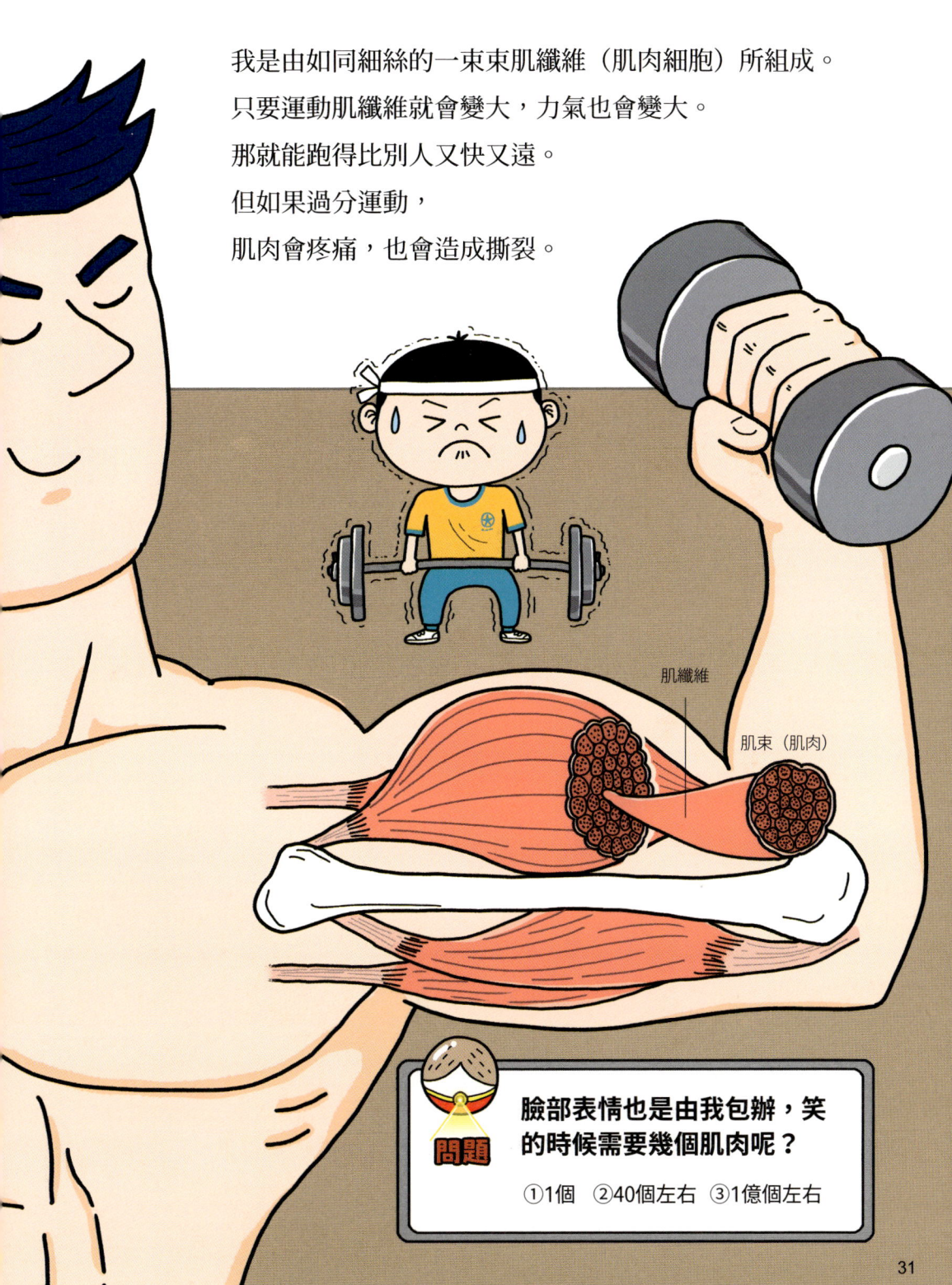

問題　臉部表情也是由我包辦，笑的時候需要幾個肌肉呢？

①1個　②40個左右　③1億個左右

2 40個左右

人的臉部肌肉約有80個，笑的時候約有40塊的肌肉會動。
像是眨眼睛、擤鼻子一樣，
臉上其他部位動作時也需要我。

心臟、胃、小腸的運作，也是因為有我的關係。
食物進來後，胃的肌肉會收縮，
這會把食物和消化液均勻混合。

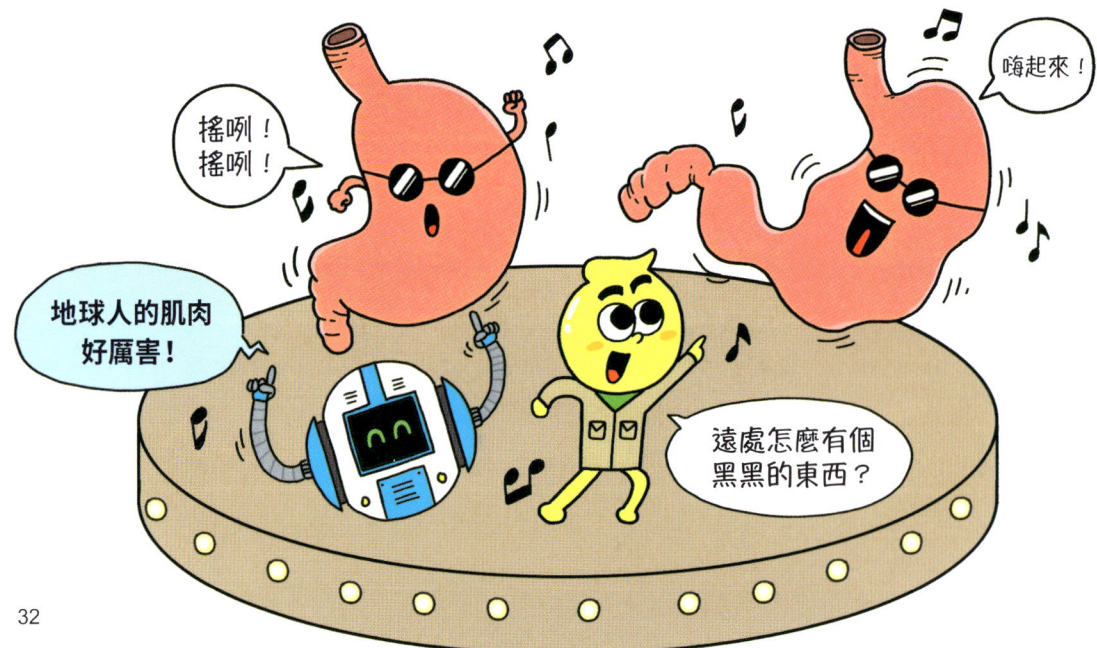

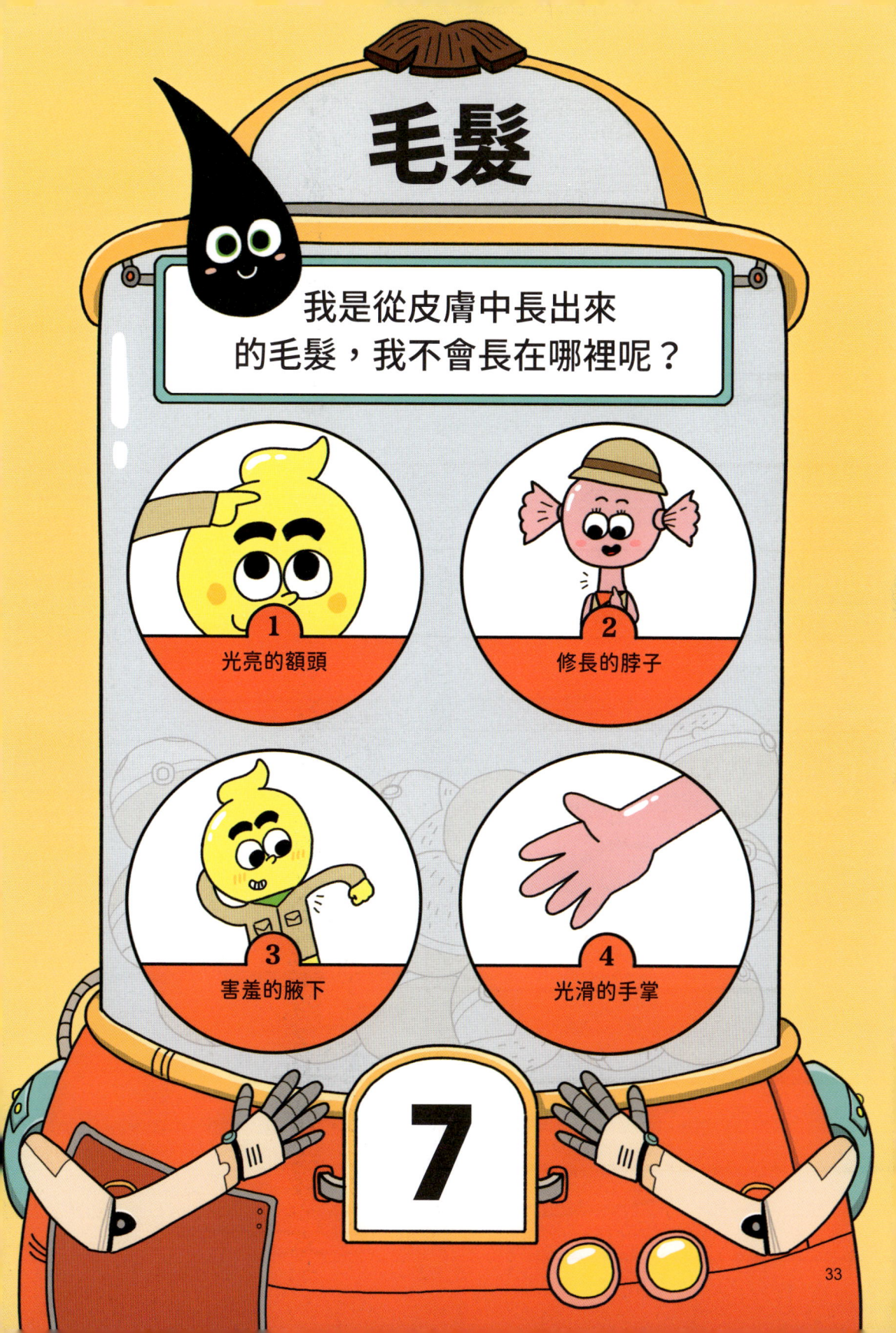

4 光滑的手掌

除了手掌、腳掌、嘴唇以外的身體地方，
大多都會看到我的蹤跡。
有很多人覺得我看起來髒髒的，不太喜歡我，
但其實我可是負責相當重要的任務呢！
透過○×題來認識認識我吧！

毛髮沒有任何功用？ ✗

頭髮可以保護頭皮，降低衝擊；
眉毛能夠阻擋雨水或是汗水進到眼睛內；
睫毛和鼻毛用以阻擋灰塵。
我比你想像中的厲害吧！

毛髮也有壽命嗎？ ○

頭髮壽命最長6年，其他毛髮頂多1年。
壽命到了的毛髮會從身體脫落，再長出新的。

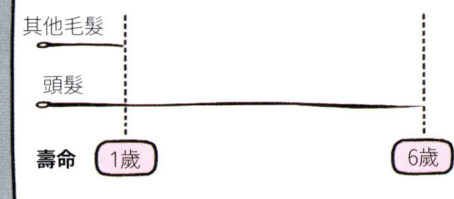

密密麻麻！

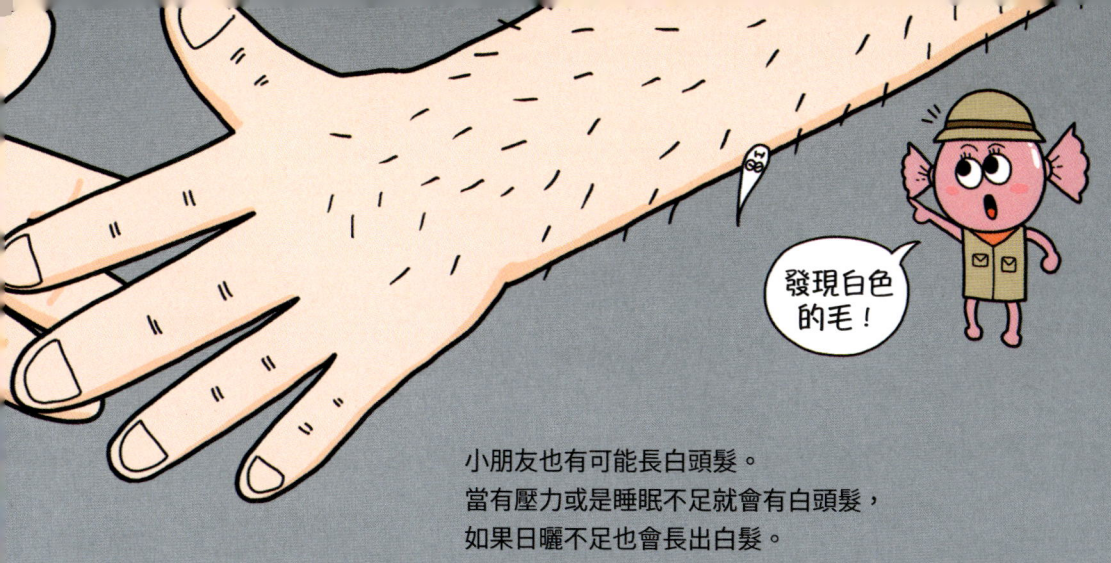

發現白色的毛！

小朋友也有可能長白頭髮。
當有壓力或是睡眠不足就會有白頭髮，
如果日曬不足也會長出白髮。

毛髮修剪過後會變粗？

當頭髮自然長出時，因為頂端是自然尖尖的，
所以看起來比較細和稀疏，但如果刮除毛髮或是修剪之後，
會使頭髮頂端變鈍鈍的，看起來就會比較粗。

完整的毛髮　　剪過的毛髮

小朋友不會長鬍子

小朋友不會長鬍子，直到了青春期，男生在鼻子下方和下巴，就會開始長出又黑又粗的鬍子了。

鬍子發芽

 **問題** 感到冷起雞皮疙瘩的時候，為何毛髮會站立呢？　①為了讓身體變溫暖　②刺激毛髮振作精神

35

爲了讓身體變溫暖

毛髮會站立是因為周圍充滿了空氣,能夠使身體變暖。
不過,真的能夠讓我們溫暖起來的是皮膚。
我們就來看看皮膚的功用吧!

表皮是皮膚最外層的部分,可以保護身體。主要是毛髮和汗腺。

從**真皮**製造汗液調節身體溫度,使皮膚有光澤的油脂也是從這裡產生的。

最底層的**皮下組織**有脂肪層,讓身體維持溫暖。

手指甲與腳指甲也是皮膚的一部分,
只是死掉後變成硬皮,
所以剪了也不會感到痛。

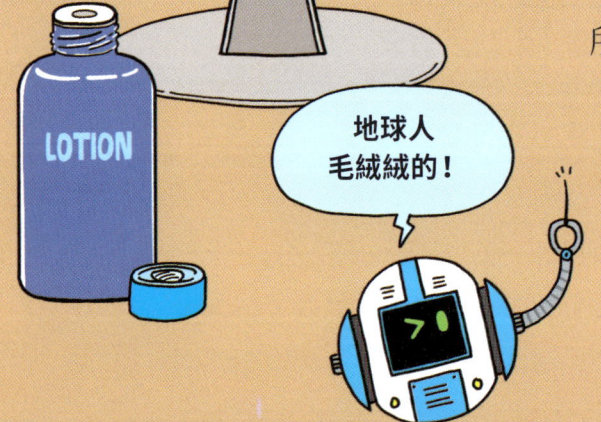

五感

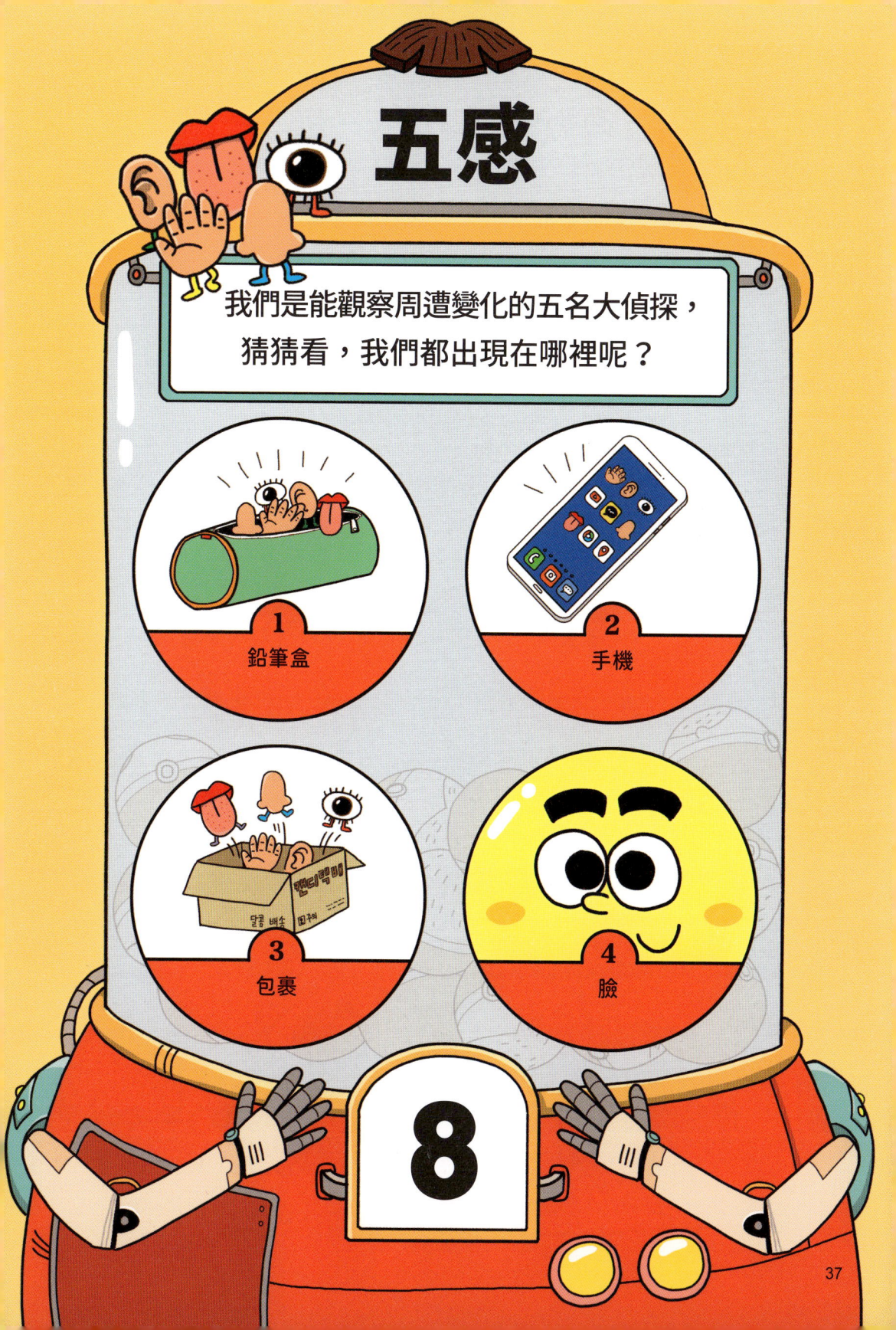

我們是能觀察周遭變化的五名大偵探，猜猜看，我們都出現在哪裡呢？

1. 鉛筆盒
2. 手機
3. 包裹
4. 臉

8

4 臉

我們透過眼睛、鼻子、舌頭、耳朵和臉上的皮膚,感受到視覺、嗅覺、味覺、聽覺、觸覺,稱為五種感官。
我們都是敏銳的偵探。
想知道我們是如何做到的嗎?

我是聽覺探長,好像聽到了什麼聲音?
我用耳輪將聲音集中後,傳達到聽神經。

聽神經　耳輪
耳蝸
耳膜

我是視覺偵探,眼睛所見的事物會顛倒投射在白白圓圓的視網膜上。

視網膜
水晶體

我是嗅覺探長，氣味經過鼻孔，接觸到嗅覺細胞就能知道是什麼氣味。嗯～它聞起來香噴噴！

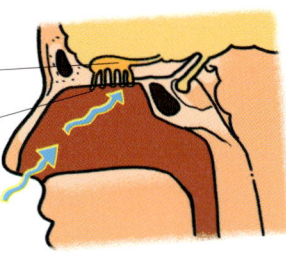

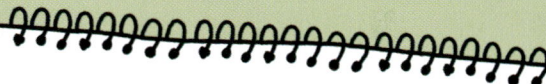

嗅覺神經
嗅覺細胞

我是觸覺探長，手指的觸覺細胞特別多。這個東西摸起來凹凸不平。

我是味覺探長，用舌頭嚐出味道。哇！又香又鹹。

啊！我好像知道了，這是爆米花！

問題 在舌頭感受到味道的是誰呢？
①山頂 ②花苞 ③味蕾

3 味蕾

味蕾是在舌頭表面的小突起。
味蕾能夠感受到甜、酸、鹹、苦等各種美味。

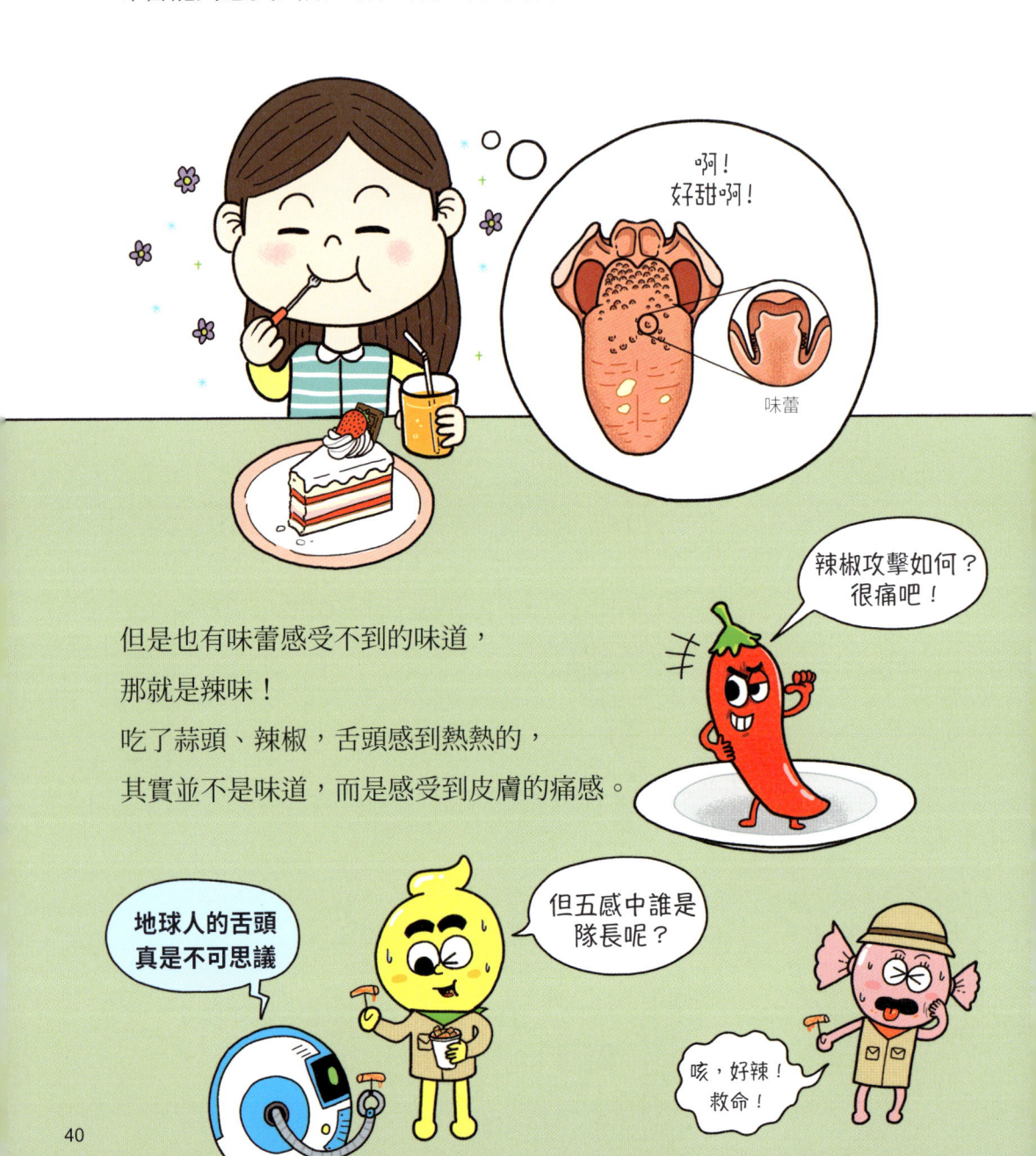

啊！好甜啊！

味蕾

但是也有味蕾感受不到的味道，
那就是辣味！
吃了蒜頭、辣椒，舌頭感到熱熱的，
其實並不是味道，而是感受到皮膚的痛感。

辣椒攻擊如何？很痛吧！

地球人的舌頭真是不可思議

但五感中誰是隊長呢？

咳，好辣！救命！

40

大腦

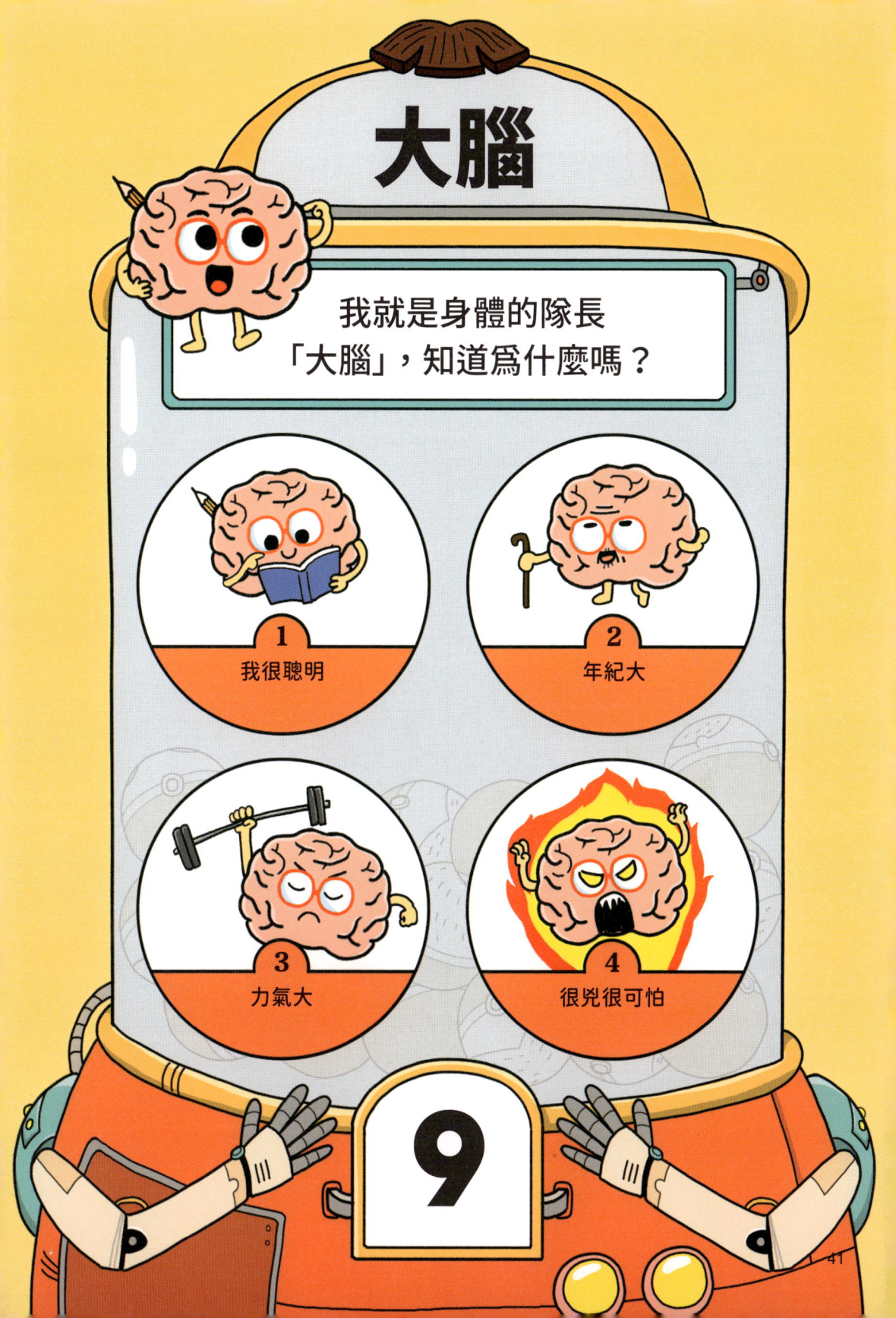

我就是身體的隊長「大腦」，知道為什麼嗎？

1 我很聰明

2 年紀大

3 力氣大

4 很兇很可怕

9

1 我很聰明

我有思考能力和判斷能力,所以當身體有任何問題都會來找我!我就來展現一下我超凡的解決能力給你瞧瞧。

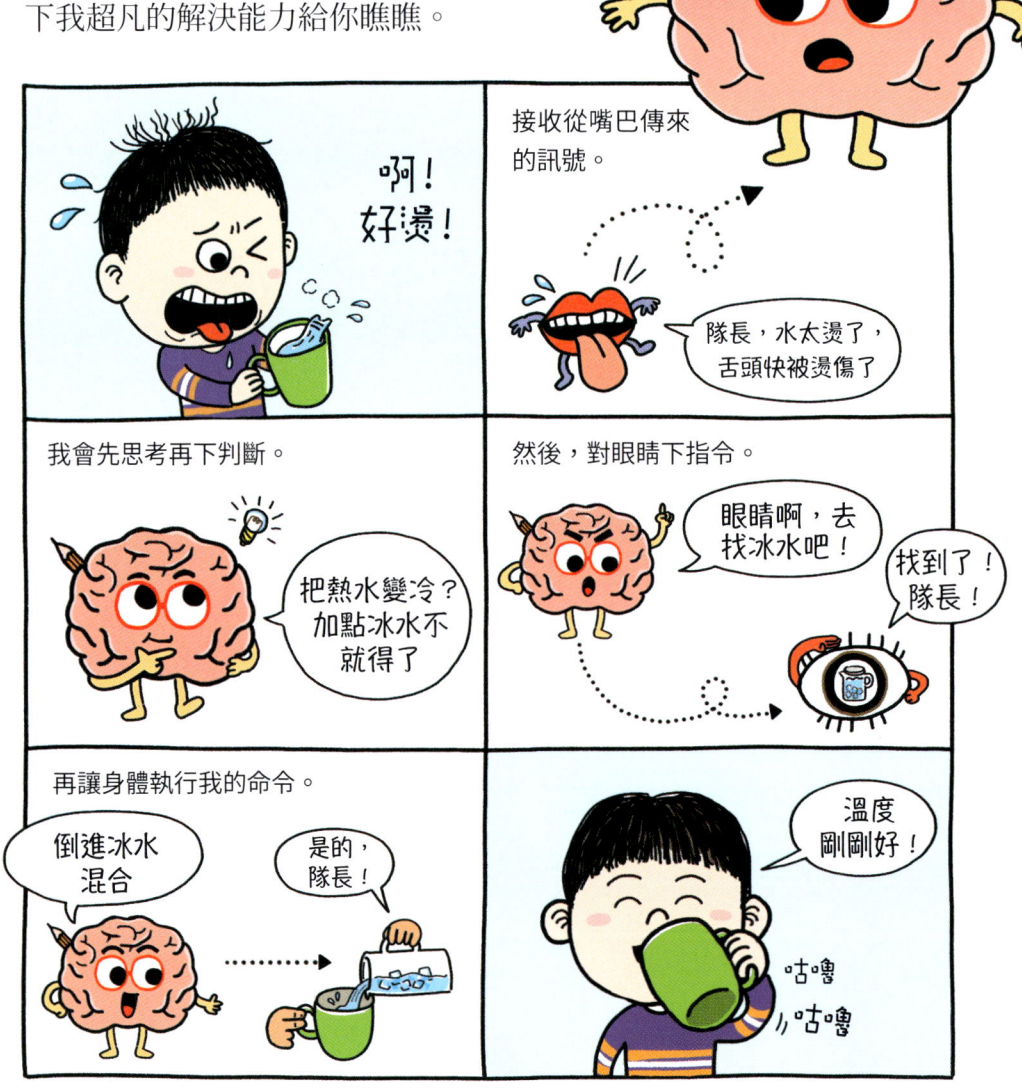

啊!好燙!

接收從嘴巴傳來的訊號。

隊長,水太燙了,舌頭快被燙傷了。

我會先思考再下判斷。

把熱水變冷?加點冰水不就得了。

然後,對眼睛下指令。

眼睛啊,去找冰水吧!

找到了!隊長!

再讓身體執行我的命令。

倒進冰水混合

是的,隊長!

溫度剛剛好!

咕嚕咕嚕

看到了沒?我就是如此有系統地工作著。

我的工作內容千變萬化。
人的大腦比其他動物來得大，
所以能夠發揮驚人的能力。

想像

討論

人不會飛！

才不是！人會飛！

也能想出新點子

幫汽車裝上翅膀

大腦

維持生命的間腦

幫助大腦的中腦

調節運動的小腦

問題 大腦工作這麼多，那我何時睡覺休息呢？
① 只睡午覺　② 我從不休息

43

2 我從不休息

很多重要的工作，我必須趁人睡覺時才能進行。

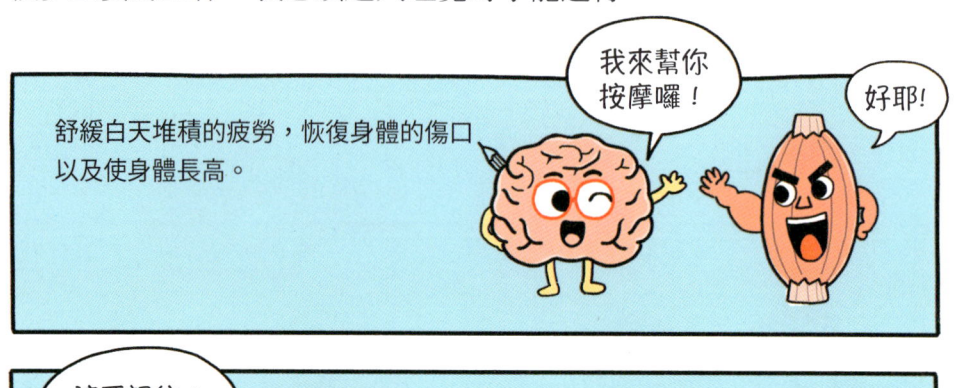

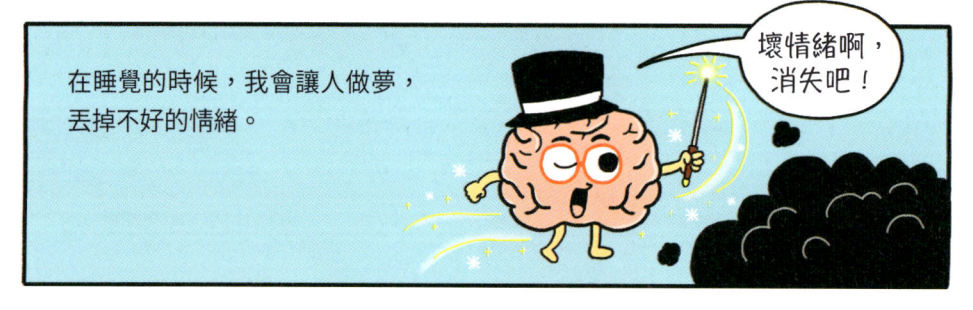

舒緩白天堆積的疲勞，恢復身體的傷口以及使身體長高。

我來幫你按摩囉！

好耶！

這要記住！這個丟掉！

要處理白天所接觸的所有資訊。

在睡覺的時候，我會讓人做夢，丟掉不好的情緒。

壞情緒啊，消失吧！

所以想要健康地生活，就必須要有充足的睡眠！

大腦是萬能的存在

發燒了，地球人生病的話都怎麼做？

鼻水

我是守護身體的鼻水守衛隊,人為什麼會流鼻水呢?

1. 我跟眼淚是好朋友
2. 流鼻水比較可愛
3. 是鼻子在流汗啦
4. 為了抵擋病菌

10

4 爲了抵擋病菌

人的身體有著自己排出病菌的能力，所以有很多具備不同功能的守衛隊。快來看！守衛隊要開始表現囉！

🚨 **病菌會從眼睛和鼻子進入！**

排出眼淚，殺死病菌！

用鼻水消滅病菌！

哈啾！打個噴嚏吹飛病菌！

🚨 **感染病菌的食物會從嘴巴進入！**

用超強胃液融化病菌！啊！失敗了。再試著將食物從嘴巴吐出去！嘔～嘔～

守衛隊，加油！

受污染的食物在被身體吸收之前，會快速地被製造成稀便，將細菌排出體外！噗滋滋！

46

跌倒後皮膚會產生傷口！

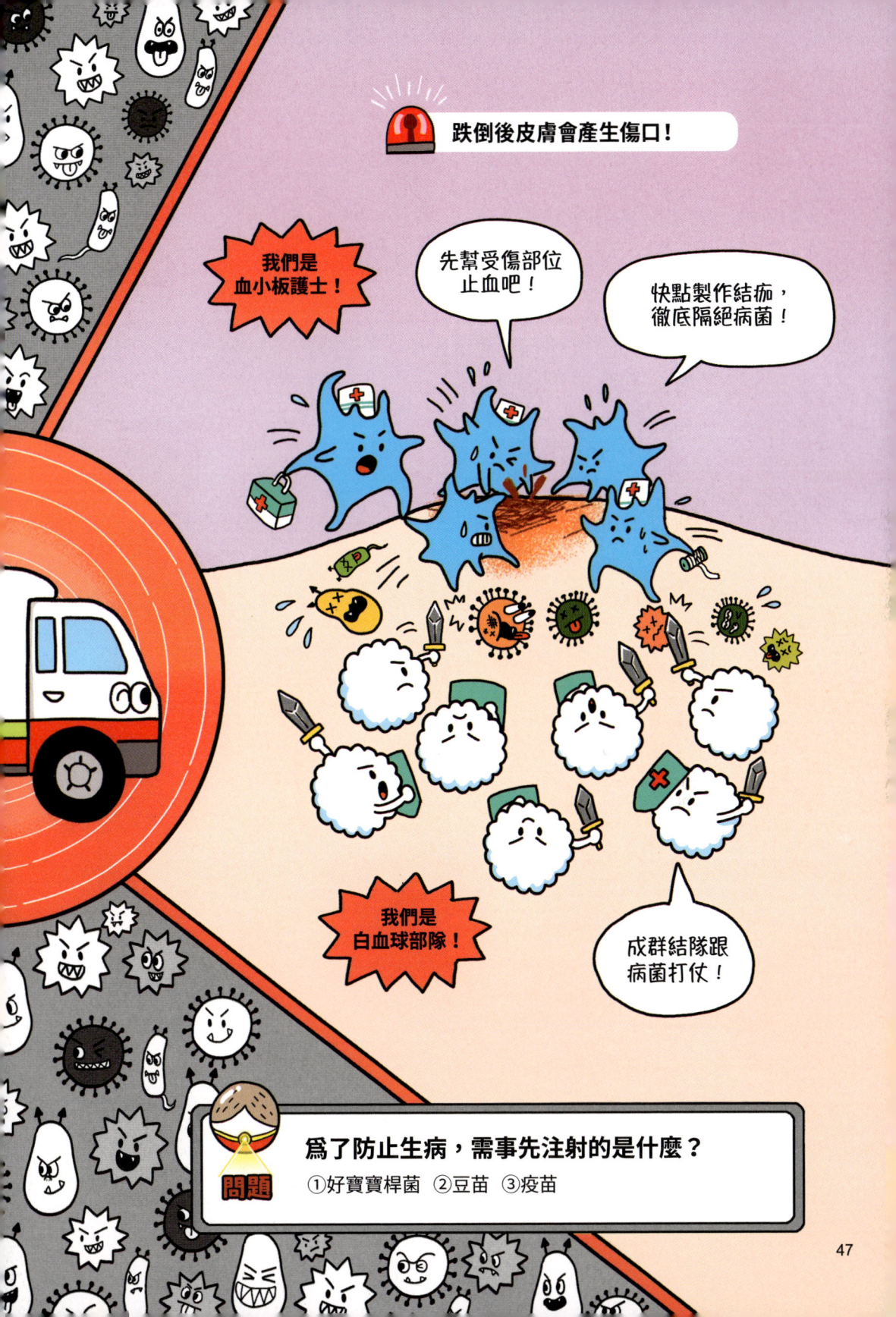

我們是血小板護士！

先幫受傷部位止血吧！

快點製作結痂，徹底隔絕病菌！

我們是白血球部隊！

成群結隊跟病菌打仗！

問題 為了防止生病，需事先注射的是什麼？
①好寶寶桿菌 ②豆苗 ③疫苗

47

3 疫苗

防止疾病的疫苗就稱作預防注射，
是源自於英國一位名叫愛德華‧詹納的醫師。

就這樣製作出最初的疫苗。
將微弱的病菌注入進體內，
事先培養與病菌對抗的力量。

開心的糖果料理時間！

在空格中寫下地球人的10個關鍵字吧！

吃東西時，在胃和小腸裡吸收所需要的養份，

剩餘的殘渣會以糞便和 ⬤⬤ 排出體外。

在體內被使用剩下的水在腎臟形成 ⬤⬤ 排出外面。

肺是會吸收身體所需氧氣的 ⬤⬤⬤ 。

⬤⬤ 是從心臟將養份和氧氣運送全身的外送員。

⬤⬤ 是保護體內重要的器官，與其他骨頭一起朔造身體的結構。

多虧有 ⬤⬤ 能夠使骨頭和身體動作。

皮膚充滿了 ⬤⬤ ，包覆身體且具保護作用。

視覺、聽覺、嗅覺、味覺、觸覺等 ⬤⬤ 會收集周遭的資訊。

⬤⬤ 是接收資訊判斷後下達指令的指揮官。

眼淚、⬤⬤、血小板、白血球，如同守衛隊守護著我們的身體。

放屁、尿液、氧氣瓶、血液、肋骨、肌肉、毛髮、五感、大腦、鼻水

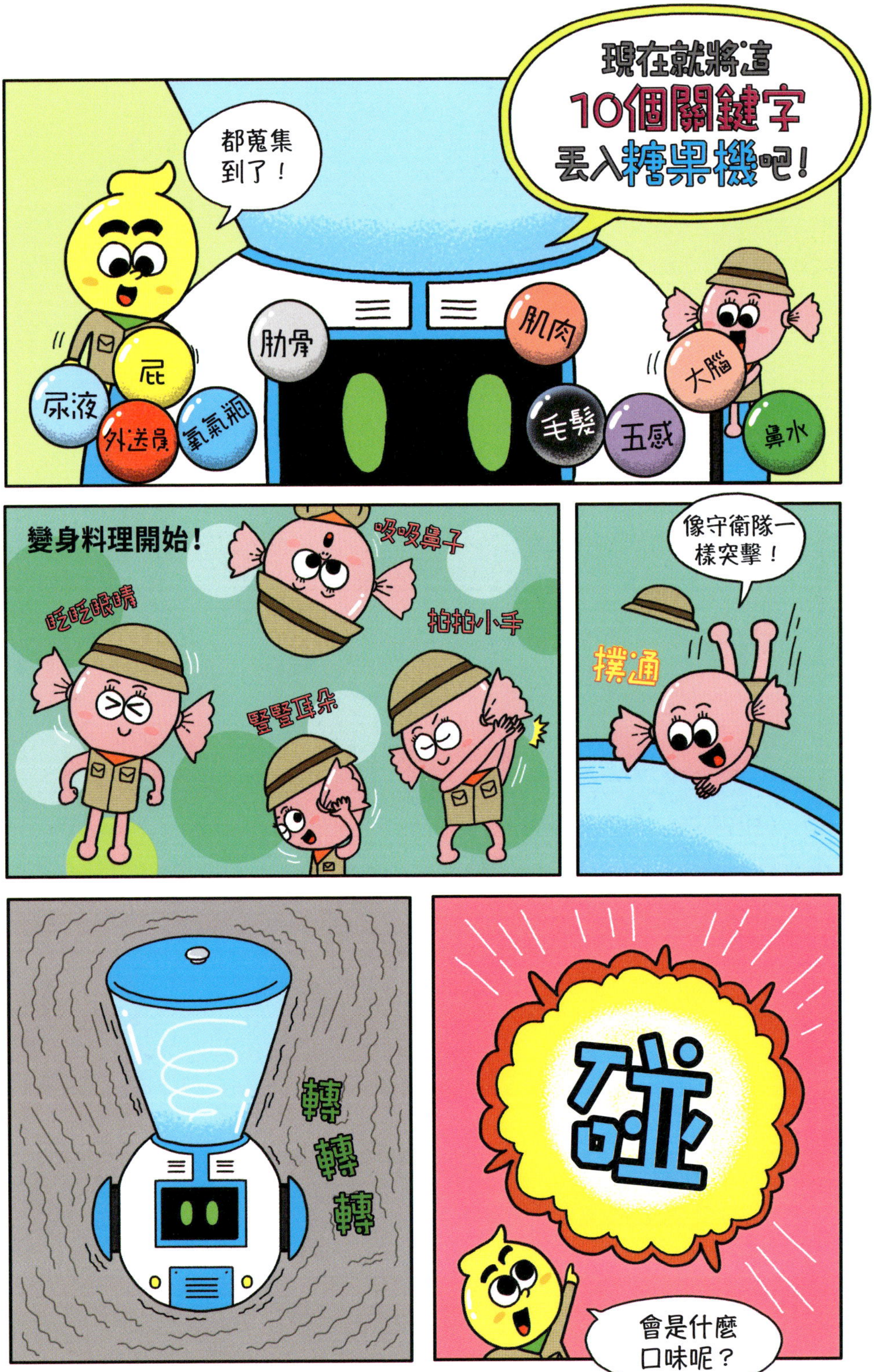
都蒐集到了！
現在就將這10個關鍵字丟入糖果機吧！
尿液
屁
外送員
氧氣瓶
肋骨
肌肉
毛髮
五感
大腦
鼻水
變身料理開始！
眨眨眼睛
吸吸鼻子
拍拍小手
豎豎耳朵
像守衛隊一樣突擊！
撲通
轉
轉
轉
碰
會是什麼口味呢？

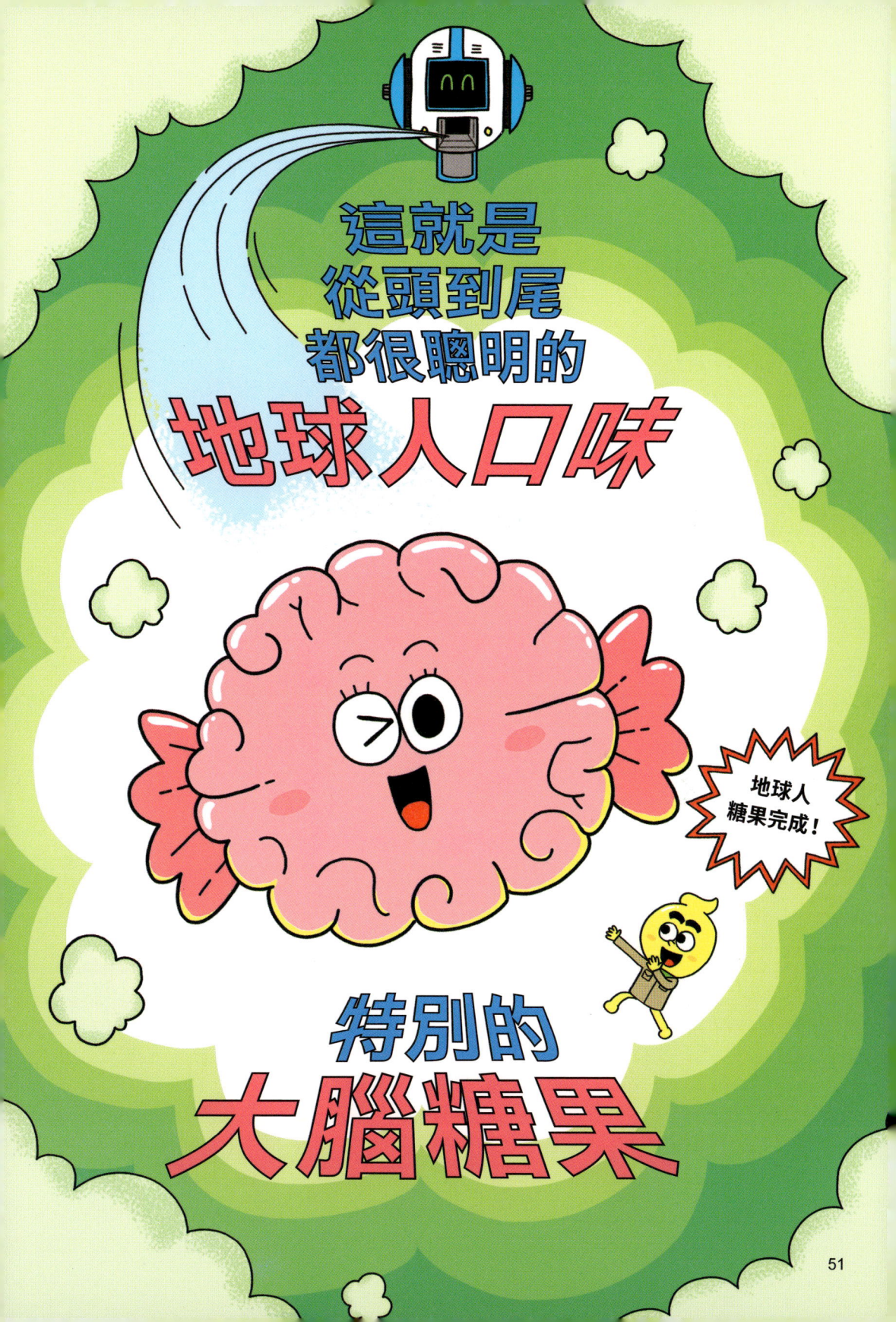

這就是
從頭到尾
都很聰明的
地球人口味

特別的
大腦糖果

地球人糖果完成！

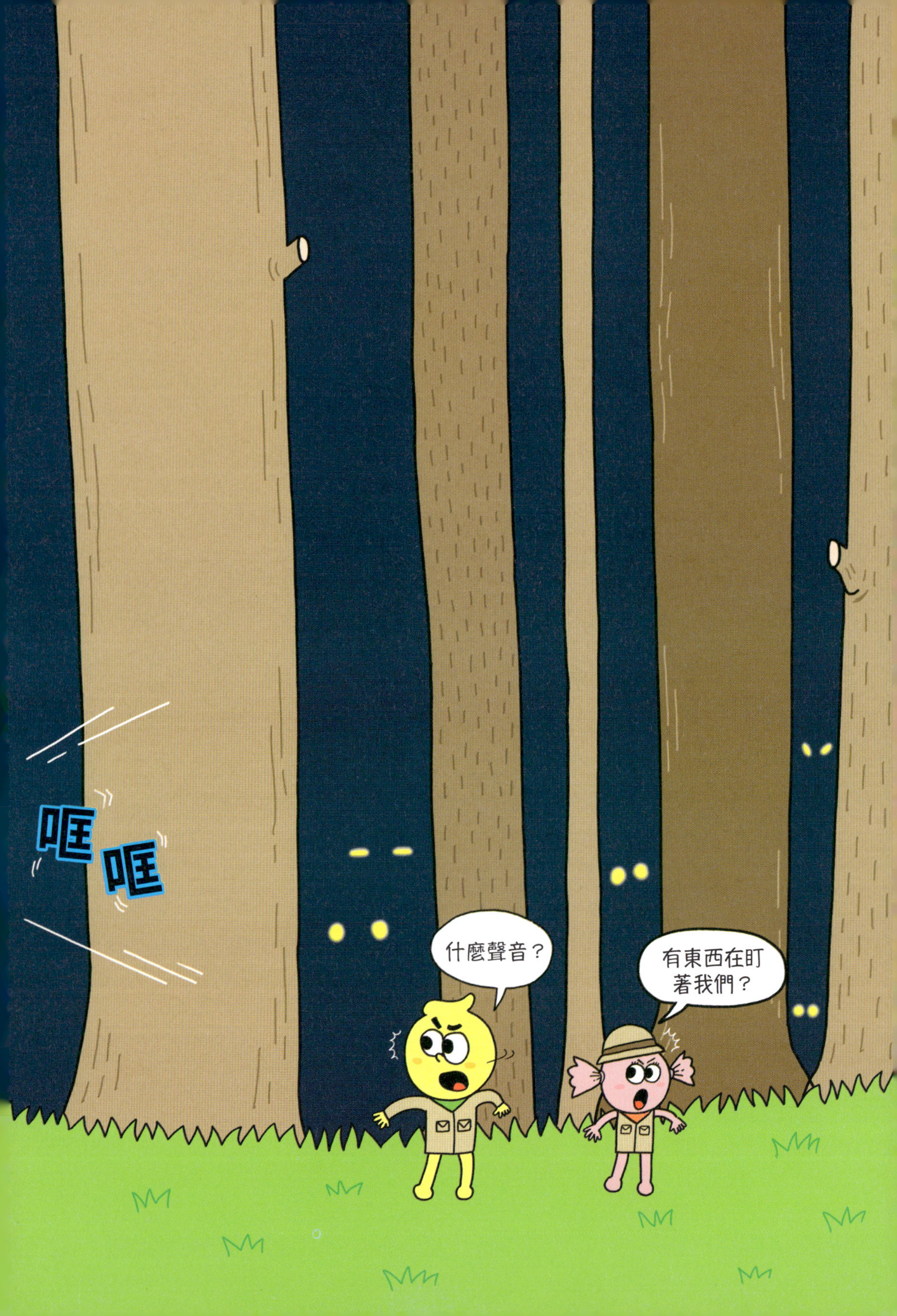
哐
哐
什麼聲音？
有東西在盯
著我們？

動物

快來吧！
接著我們去看動物

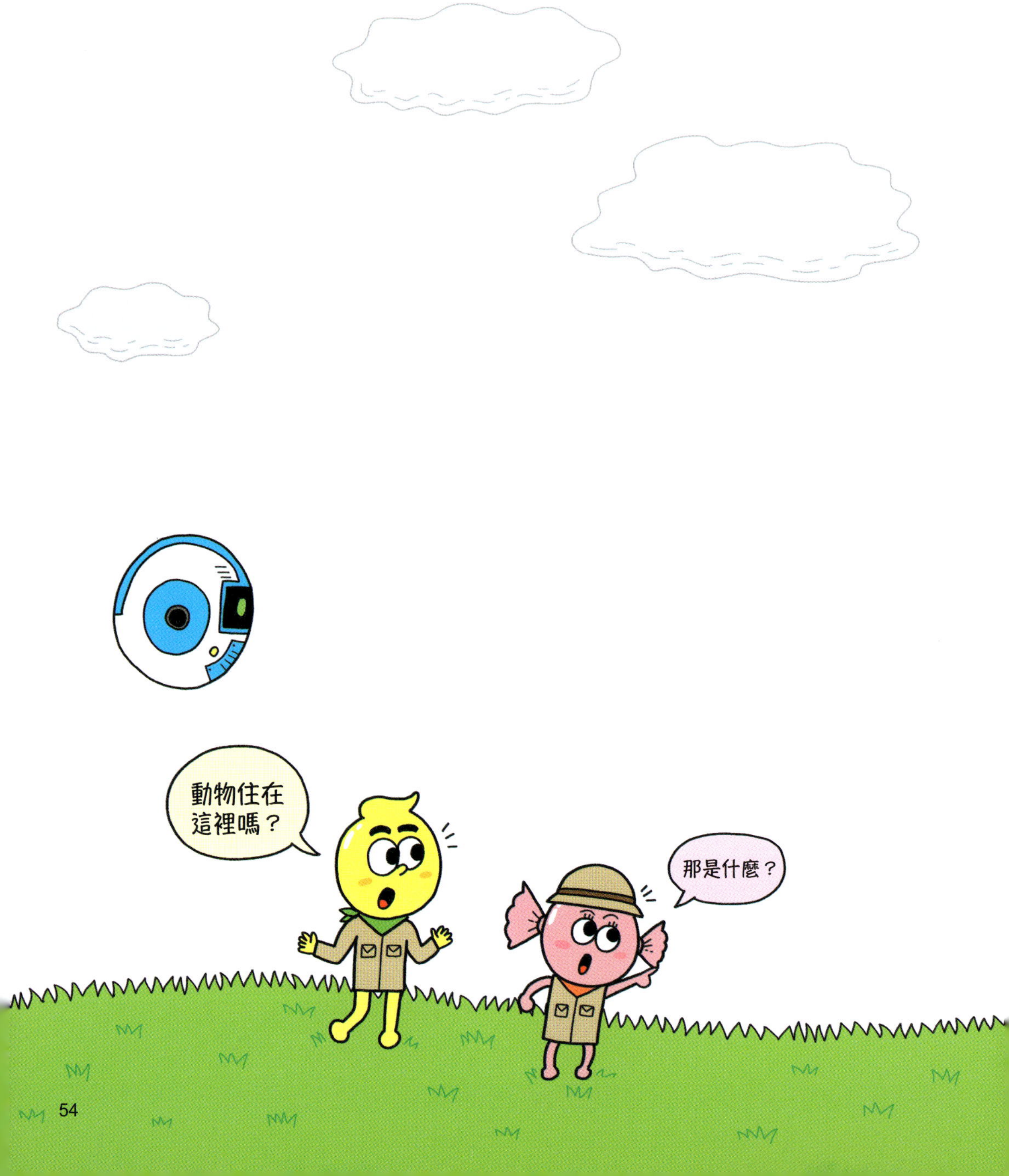
動物住在
這裡嗎？
那是什麼？

腳

我黏在身體上,你覺得我和桌腳的共通點是什麼?

1 黏在地上

2 我很時尚

3 很愛睡覺

4 能夠支撐重物

1

4 能夠支撐重物

腳支撐著動物的身體，
更重要的是腳讓動物能夠自由移動。
「動物」一詞也有「會動的生物」之意。
你知道我為什麼要移動嗎？

1
為了尋找美味的獵物。

那邊的草看起來更好吃！

警報！
快逃啊！

2
當天敵出現時，能夠用最快的速度逃跑。

鬧乾旱都快渴死了，我們搬家吧！

3
為了尋找新的巢穴。

56

動物腳的數量，從兩隻到上百隻都有。

紅鶴靠牠修長纖細的長腿，能在水中行走和抓魚。 **2隻**	獅子靠著強而有力的腿奔跑狩獵。 **4隻**
鍬形蟲用掛鉤狀的腳，能自由地在樹幹上爬上爬下，汲取樹汁。 **6隻**	蜘蛛以牠的細長腿在蜘蛛網上移動，獵補食物。 **8隻**
魷魚用具有強力吸盤的腳，來緊抓住獵物不放。 **10隻**	蜈蚣因為有很多隻腳，任何障礙物都能夠快速通過。 **30隻以上**

問題

蛇是動物但卻沒有腳，這是為什麼呢？

①做壞事被懲罰　②沒有功用所以漸漸消失

② 沒有功用所以漸漸消失

很久以前，蛇為了躲避天敵的攻擊，生活在地洞裡。
也因為這樣，比起用腳走，爬行來得更輕鬆。

> 用腳好慢，腳好酸！

後來因為腳越來越不常用，所以漸漸就萎縮了。
現在只剩下腳退化過後的痕跡。

> 雖然沒有腳，但我靠著腹部肌肉運動，更迅速靈活！

腳的數量多寡，並沒有絕對的好或壞。
只要能讓自己移動補食，順利地躲過天敵，就是最棒的腳！

> 所以動物每天都在晃來晃去嗎？

> 你看！是誰在天空打轉？

翅膀

我身上佈滿了羽毛！
又被稱為「飛行之王」，猜猜是我是誰？

1. 飛機
2. 想像自己會飛的糖果
3. 味道
4. 信天翁

2

4 信天翁

信天翁展開翅膀的長度可達3～4公尺，是幾乎大半輩子都在天空度過的「飛行之王」。讓我們來訪問信天翁吧！

簡介
特徵：鳥類中翅膀最長的鳥
體長：90幾公尺
飲食：魚、魷魚、章魚
繁殖：2年一次，每次只下一顆蛋。

在天空有什麼好的呢？

在天空飛翔不用擔心被其它動物抓去當食物，而且飛在天空中可以環看四周，也方便捕獵。

信天翁的一生真的都在天空中度過嗎？

像我這類的海鳥幾乎都是這樣生活著。翱翔在海上抓魚、捕獵，就連上廁所也一併解決。當然也是會偶爾飛到低處休息一下。

你說曾有連續飛翔12天不休息的飛行紀錄嗎？能夠長時間飛行的祕訣是什麼呢？

我們鳥類的骨頭是空心的，比起陸地動物來得更輕。尤其我的翅膀很長，能夠有效利用風來幫助飛行，降低消耗的能量所以不易疲累，就能夠長時間飛行。

帥氣的羽毛也有祕密嗎？

真是個犀利的問題。羽毛除了幫助飛翔以外，能幫助身體保暖，也有防水的機能。

問題

初次飛上天的鳥的祖先是誰呢？

①獸腳亞目恐龍　②大蟒蛇變成的龍　③奇妙仙子

1 獸腳亞目恐龍

鳥的祖先是獸腳亞目恐龍。
獸腳亞目恐龍身體有著長羽毛。

我是鳥類們最早的祖先！叫我爺爺！

獸腳亞目恐龍中的小盜龍為了找食物，
逐漸使翅膀演化到能在天空飛翔。
多虧有牠，恐龍在絕種後也才能活下來，
成為今日鳥兒們的祖先。

水中出現的也是翅膀嗎？

動物是變身天才！

鰭

我長在魚的身上。
鰭的作用是什麼呢？

1. 「你好！很開心見到你」打招呼用的
2. 比摔角用的
3. 水中游泳移動用的
4. 跳舞用的

3

3 水中游泳移動用的

如果說陸地動物有腳，鳥類有翅膀，
那魚類有的是無敵的鰭。
多虧了鰭，魚才能夠在水中來去自如。
那麼要來見見大海中的王者—鯊魚嗎？

100公尺前
發現肥嘟嘟的魚

出發！用胸鰭和腹鰭控制方向。
右轉左轉！

背鰭可穩定重心，
使我的身體保持平衡。

超快！

我是三角形的背鰭

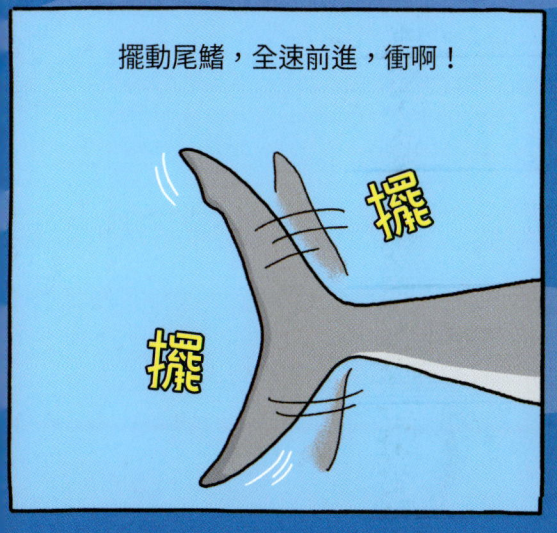

第二背鰭

臀鰭

胸鰭　　腹鰭　　　　　　　尾鰭

擺動尾鰭,全速前進,衝啊!

擺　擺

抓到了!

問題 什麼魚會用鰭走路?
①鰕虎　②彩虹魚　③藍鯨

65

1 鰕虎

有些魚類的魚鰭用途很不一樣喔！

> 請拋開我們只活在水中的偏見！

鰕虎的胸鰭就像腳一樣，能隨意地在沼澤中行走。

假如飛魚碰到天敵，鰭就會像翅膀般展開，在海上翱翔逃跑。

> 我一次可以飛10公尺

> 光看長相就覺得很可怕吧？

環紋蓑鮋只要看到敵人，就會用牠們像刺般的背鰭攻擊，在台灣俗名又稱獅子魚。

> 神奇的魚兒！

> 喔，飛來一隻漂亮的蝴蝶！

> 動物真是太有創意了！

口器

我是昆蟲的嘴巴，我們的形狀有點不一樣，這是為什麼呢？

1. 看起來有個性
2. 喜歡的食物不同
3. 用不同的餐具吃飯
4. 為了美妙的合音

4

2 喜歡的食物不同

你知道蝴蝶喜歡的食物是什麼嗎？
就是花裡的花蜜，要是想吃到在花朵深處的花蜜，
像我這樣長長的管子狀最合適了。
啊，發現食物了！
蝴蝶停在花朵上，會用前腳嚐嚐味道後，
就會把捲起來的我展開，插入花裡。
咻嚕嚕，哇～花蜜真好吃！

展開後的口器

捲起來的口器

我們也來看看其他昆蟲的口器長得如何吧！

蒼蠅口器的尾端長得像海綿，在舔食物時很方便。

蟬的口器如長槍般修長，最適合用來吸樹汁！不用的時候會收在胸前，只有進食的時候才會展開。

蚱蜢的口器有下巴，運用上下顎先將草撕下來，再咀嚼吃掉。

蜜蜂的口器則有兩種，吸花蜜時是長長的口器，其餘是在蓋蜂巢時才會使用。

問題 牛的嘴與昆蟲的口器有何差異？
①進食用的 ②牛有牙齒

2 牛有牙齒

像牛一樣,有四隻腳的動物會用牙齒來咬斷、咀嚼食物。所以根據食物類別的不同,牙齒的形狀也有所差異。

牛的門牙扁大,便於切咬長草。

老虎的犬齒很尖銳,利於撕裂肉塊。

有些動物就算沒牙齒,也還是可以開心地享受大餐。食蟻獸就是用細長的舌頭把螞蟻舔進嘴裡吃。

難怪有好幾份菜單!

動物們也是美食大師呢!

公與母

我們是動物界的男生和女生，為何會分公的與母的呢？

1. 寂寞有人陪伴
2. 一起比賽得獎
3. 可以分隊踢足球
4. 為了繁衍下一代

5

4 為了繁衍下一代

黑尾鷗先生想要生個寶寶，因此來到了婚姻諮詢中心。

先讓您參考我們配對成功的案例

我有生育計畫，可以幫我找個老婆嗎？

專員

動物王國
婚姻諮詢中心

我是有鬃毛的公獅！鬃毛讓我的體型看起來更大、更顯眼

愛心

我是帝雉！是不是對我色彩鮮豔又美麗的羽毛著迷啊？

我是平頜鱲，接近繁殖季的時候，體型會變大，顏色也會改變

我個性老實，體型比母海鷗嬌小

體格不是問題，體型比母的小的螳螂也結婚了。

雖然我結婚了，但即將會面臨被母螳螂吃掉的命運～

嚇！公螳螂的命運！

你看！來了個新會員

母黑尾鷗！是我喜歡的類型

願意嫁給我嗎？！

好啊

配對成功！可以順利繁殖了

問題　為了留下子嗣，何種動物會從母的變成公的呢？
①太極旗　②西遊記　③瀨魚

3 瀨魚

瀨魚的習性是一隻公瀨魚會和很多母瀨魚一起生活。
不過如果公瀨魚死亡後，最大的母魚會變成男生。
這種變態的公魚也能和母魚交配繁衍後代。

公魚
母魚
我不能讓家族沒落

變身成公魚！

蝸牛的行動太過緩慢，所以能找到另一半的機會很低，
所以為了繁殖必須擬下特別的戰略。

我們交配後可各自懷孕生產

我們既是公，也是母的唷！

動物是結婚達人！

這樣很快就有寶寶了吧？！

蛋

我是鳥類、魚類的後代。
哪種動物的蛋最大呢？

1 戴眼鏡的皮蛋

2 青蛙蛋

3 鴕鳥蛋

4 兩個傻瓜蛋

6

3 鴕鳥蛋

鴕鳥蛋的大小是雞蛋的20倍，
母鴕鳥會挖一個凹洞，一次下4～8個蛋。
萬一想偷蛋的天敵出現，就會很用力地把牠們踢走。
踢的力量大到連獅子都會嚇跑。
那麼其他動物都是如何保護蛋呢？

想幹嘛！

踢！

當爸媽的真是用心良苦

母負子蟲會把百餘顆的蛋背在背上行走

要背著走才放心

公海馬會把蛋放在腹囊裡孵化等到都長大了再讓寶寶們出去。

寶貝們，現在可以出來了

多下一點蛋，即便有的會被天敵吃掉，但可以提高存活的機會。

母海龜會在夜晚爬上沙灘，在沙堆裡約產下100～200顆蛋後，再用沙子將它們覆蓋起來。

當然也不是所有動物都會生蛋，直接產下寶寶的也很多。例如袋鼠和四隻腳的動物皆是如此。

將寶寶放在腹部的口袋裡保護，避免遇到危險

問題

蟬是下蛋，還是生小蟬？

①蛋　②小蟬　③以上皆是

77

1 蛋

蟬在土裡生長，
完成了四次蛻殼後會鑽出土壤，
出土後的生命約莫一個月。
在這一個月內牠們要找到伴侶，
順利產卵。
這些蛋又是如何長大的呢？

1
將蛋下在樹的空隙中，1年後幼蟲會從蛋裡孵化出來。

2
幼蟲會進到土裡，吸取樹根的汁液生存。

3
約5～6年後會爬到樹上，脫殼後變為蟬。

我必須在死之前趕緊生下孩子

唧唧！

動物是守護後代的天才！

好吵喔！別叫了，用說的啦

叫聲

「嘟嘟」的叫聲是蟬在說話，這是什麼意思呢？

1. 是我的笑聲！
2. 我在找伴侶！
3. 大哭的聲音！
4. 嘲笑別人的聲音！（你的耳朵好奇怪！）

7

2 我在找伴侶！

神乎其技

去年的優勝者是扭動肚子，就能發出聲音技能的蟬。
今年參賽的動物們又有怎樣的才藝呢？
說話大賽現在開始！

蟋蟀

我是靠著摩擦翅膀發出聲音。
尋找伴侶的時候，
會發出溫柔且細長的聲音。
遇到敵人的時候，
則是短且急促叫聲。

唧 唧

印太瓶鼻海豚

我們是群居生活，
所以有很多對話方式。
一起狩獵的時候，
會發出口哨聲。
呼喚遠處的朋友，
則會用超音波！
朋友之間也會相互取名。

嗨！

80

說話競賽

今年的優勝者是誰呢?

哇,大家都好厲害!

狼

我會對在遠處的朋友「嗷嗚」地叫,這個稱為回音。必需要把頭抬高來發出叫聲。如果我們是大家一起叫的話,不管敵人多強勁,都會被嚇跑呢!

嗷嗚!

啄木鳥

我會用嘴巴啄木來代替發聲。這樣聲音很大,很容易通知夥伴。1秒可以啄16次呢!速度很驚人吧?

叩叩叩叩

問題
無法發出叫聲的蜜蜂要怎樣對話呢?
①用屁股寫字 ②跳舞

2 跳舞

蜜蜂是舞蹈來進行溝通，很奇妙吧？
我們也來看看其他動物的對話方法吧！

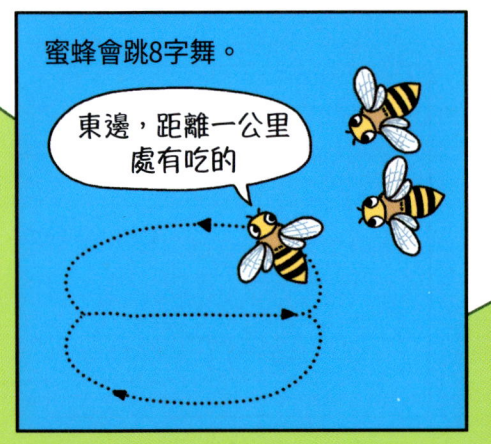

蜜蜂會跳8字舞。

東邊，距離一公里處有吃的

螞蟻用觸角對話。

跟著隊伍走吧！

鶴會跳雙人舞。

接受我的求婚吧！

螢火蟲會發出亮光做為訊號。

呼叫呼叫，收到請回答

動物也是溝通高手！

妳幹嘛？

發現一個奇怪的信號

82

偽裝天才

我可以隨心所欲的變換身體顏色。為什麼要這樣做呢？

1. 我是時尚達人
2. 為了交朋友
3. 討厭穿一樣的衣服
4. 為了保護自己

8

4 爲了保護自己

我是變色龍，可以根據心情變換身體顏色。心情平靜的時候是綠色、想吸引異性的時候是黃色或是紅色、生氣的時候是黑色。

我也會根據周邊環境改變顏色，我是偽裝天才吧！其他動物們又是怎樣偽裝的呢？

周圍綠油油的，那麼我也變成綠色！

擬態章魚不止會變換顏色，還會模仿成其他動物來驅趕天敵。

啊，是日本鰻鱺！

到底有幾隻斑馬呀？

斑馬會用紋路製造視覺混亂，連獅子以及吸血的蒼蠅，都暈頭轉向了呢！

尺蠖當周遭有鳥出現時，就會靜止不動，假裝成樹枝。

章魚變身海蛇，成功嚇走日本鰻鱺！

這次是模仿蝶魚！

問題：偽裝天才蜥蜴，如果被敵人抓住會怎麼樣呢？
①斷尾逃走 ②找媽媽

85

1 斷尾逃走

蜥蜴受到敵人攻擊時，會自行切斷尾巴逃走。

不過蜥蜴的尾巴會再生，所以不用擔心。

動物不但懂得保護自己，更是有攻擊敵人的武器。

讓你瞧瞧是怎樣的武器吧！

臭鼬
想抓我？
臭屁炸彈發射！

刺蝟
捲起身體，身上尖刺就會豎起！

日本鰻鱺
用下巴放電，電跑敵人！
滋滋滋，救命啊！

動物也很懂得保護自己嘛

好孩子不該打架

最佳友誼

我們是相互幫助的動物，這樣的關係稱之為什麼呢？

1. 共生關係
2. 放假關係
3. 冤家關係
4. 免費關係

9

1 共生關係

動物要獨自生活並不容易，
所以需要集結彼此的力量蓋房子、捕食，還要躲避天敵。
這樣相互幫助的關係稱為「共生」。

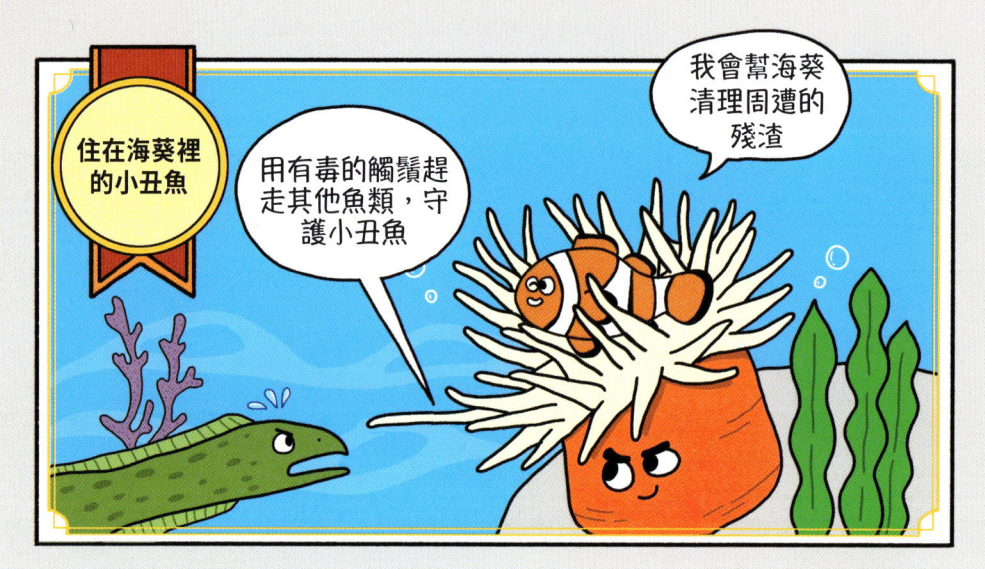

住在海葵裡的小丑魚

用有毒的觸鬚趕走其他魚類，守護小丑魚

我會幫海葵清理周遭的殘渣

會相互通報危險的斑馬和鴕鳥

我的聽力很好，發現不對勁就會馬上通知鴕鳥

我可以看很遠，要是有天敵出現，就會立即告訴斑馬

接下來要發表　　最佳友誼獎

共同狩獵的郊狼和美洲獾

我負責挖洞！食物躲到土裡時，我就會用強而有力的前腳挖洞，逼他出來

我負責搜索！靠著味道尋找食物，並快速追上

聞聞

在花園裡合作無間的螞蟻和蚜蟲

我來把會吃蚜蟲的瓢蟲給趕走

我用屁股消化植物，將剩餘甜甜的水給螞蟻喝

問題 在非洲沙漠也有相互合作共同生活的動物，是誰呢？
①北極熊　②狐獴　③企鵝

89

2 狐獴

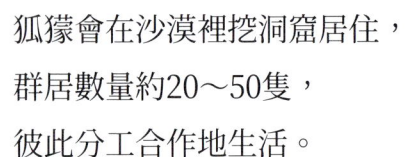

狐獴會在沙漠裡挖洞窟居住，群居數量約20～50隻，彼此分工合作地生活。

敵人出現了！

我們是哨兵！會安排順序站哨

筆直地站立盯哨，當發現敵人就大聲通報！

我是女王！負責生孩子

我是奶媽，會餵孩子喝奶

我是保姆，會照顧孩子

狐獴看起來很弱小，但擅於分工合作，連在危險的沙漠中都能安全地生活。

動物也是很相親相愛的

還有感情更好的嗎？

我也要住在土裡！

寵物

我們是人類最忠心的朋友，你覺得我們是？

1. 狗
2. 石頭
3. 汽車
4. 仙人掌

10

1 狗

我們從數千年前就與人類共同生活，就讓我娓娓道來最初一起住在部落裡的故事吧！

在很久以前，飢餓的狼來到了人們所居住的村落。 「喔，發現骨頭！」	當時人們看著狼突然想到一個好主意 「狼的嗅覺靈敏，不如好好訓練帶去狩獵！」
自此之後，多虧有狼，人們才能輕易地找到食物 「這是給你的獎勵！」「讓我繼續幫忙吧！」	之後，狼進化成了狗，在人類身邊生活，並且一起做著各式各樣的工作。 「沒有狗，我該怎麼辦？」
貓咪也是，肚子餓的流浪貓為了尋找食物來到了村落 「好肥的老鼠，喵！」	獵捕了偷食物的老鼠，幫了人類的大忙，從此也共同生活。 「你乾脆住下來吧！」「好喔，喵！」

我們雖然和人一起住，但是仍保有著野生的習性。
如果想要更了解我們，就試著回答下列的問題吧！

狗會懂得服從 ○

狼是以帶頭的領袖為中心的群居生活。
所以我們的天性便懂得服從，視主人為領袖。

貓咪喜歡往外跑 ✗

我們的祖先在樹林裡獨自狩獵生活，
所以我們喜歡獨居，討厭陌生的地方。

貓咪用舌頭洗臉，是為了消除味道 ○

我們為了不讓敵人發現，所以隨時用舌頭舔去身上的氣味。
大小便後用沙子覆蓋也是同樣的道理。

問題
寵物和人就像○○關係，要填入○○的單字是？
①冤家 ②家人 ③別人

2 家人

我們和人類成了情感交流的家人。

人類透過和我們一起生活，感受到幸福、得到安慰。

在同個屋簷下吃飯	一起睡覺
分享喜悅	彼此關心

就像這樣，始終如一地疼愛寵物的人類，
和其他動物也能相處得很好。
因為我們全是生活在地球上的一家人。

> 我也想養寵物！

> 妳養我吧！

> 動物對主人真有愛！

> 開心的糖果料理時間！

> 在空格中寫下地球人的10個關鍵字吧！

陸地動物大多有 ●，能夠支撐身體，幫助移動。

鳥靠 ●● 在天空飛翔，因為在天空中更容易發現獵物。

在水裡的魚，● 就是牠們的腳，靠它快速游水尋找食物。

昆蟲的 ●● 會根據所覓食的食物類型而有不同形狀。

●● 和 ●● 生物，會藉由交配延續後代。

動物會以奇特的方式保護 ● 和孩子。

●● 是動物的語言，也會利用碰撞觸角或是舞蹈來對話。

發現天敵出現就會改變顏色和模樣的是 ●●●●。

有很多如同小丑魚和海葵會相互合作生存，我們稱為 ●● 關係。

人類和狗與貓的這類 ●● 一起生活。

腳、翅膀、鰭、口器、公的母的、蛋、叫聲、偽裝天才、共生、寵物

哇！全找到了！
公與母
蛋
叫聲
現在就將這10個關鍵字丟入糖果機吧！
翅膀
腳
鰭
口器
共生關係
偽裝天才
寵物
變身料理開始！
跳10下
蹦 蹦
飛10下
啪 啪
跳進機器裡！
撲通
碰！
會是什麼口味呢？

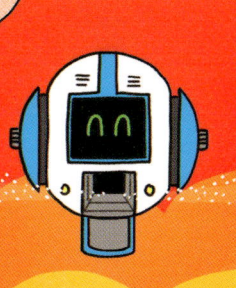

這就是
令人充滿愛心的
動物味道

動物糖果
完成！

生存遊戲
鹽巴糖果

你自己去看植物嗎？
一起去啦！

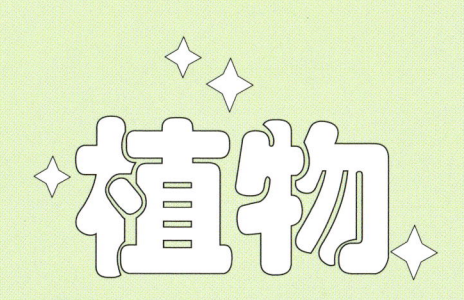

植物

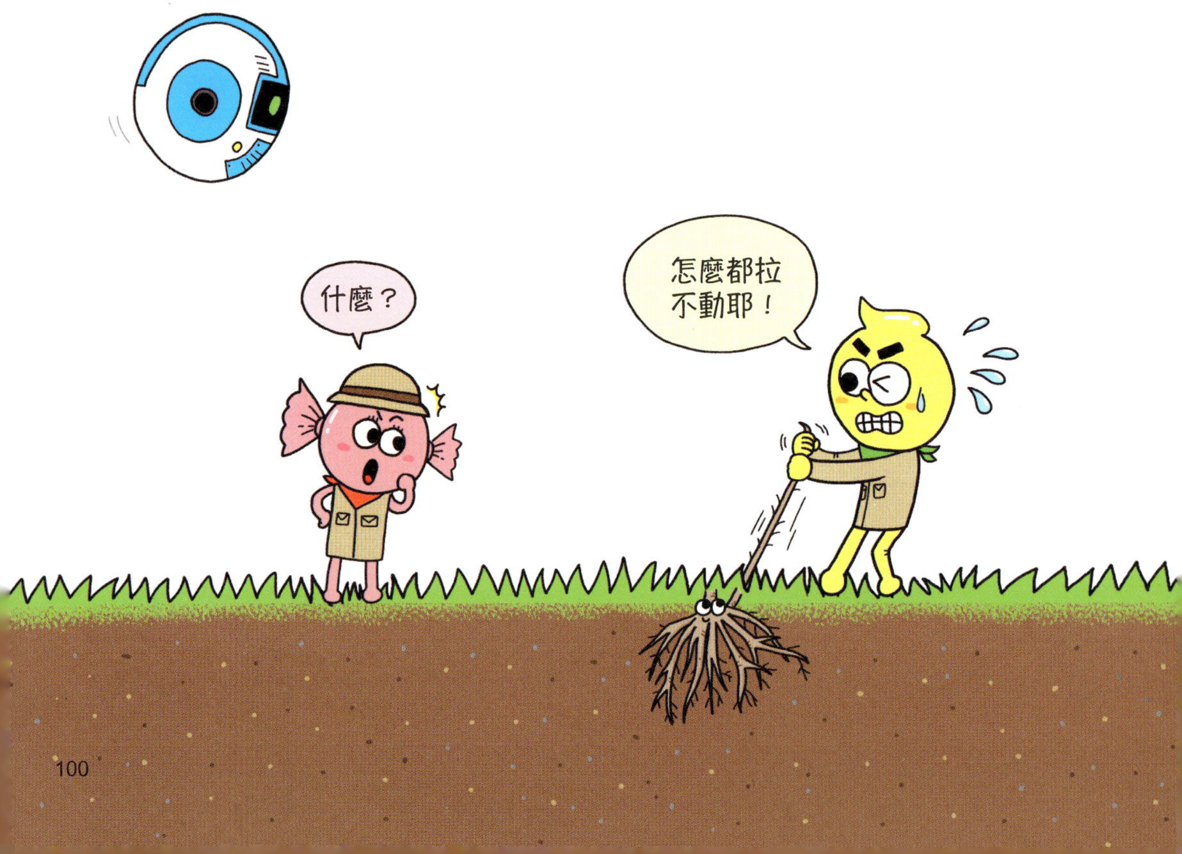
什麼？
怎麼都拉
不動耶！

根

我扎在土地裡動也不動，
有我的生命體叫做什麼呢？

1. 鍋物
2. 植物
3. 禮物
4. 怪物

1

2 植物

植物有「種植」的意思，
與動物不同，不會移動。
我就只會一直固定在土裡的
同一個位子，茁壯成長。
也多虧這樣，
在土地上能盡情地長出葉子和莖。
就來看看植物是怎麼生長的吧！

葉子

莖

根

我長得像是老爺爺的鬍子，所以又被叫作鬍鬚

我是由胚根發育延長成主根，旁邊是由主根分枝生出的許多支根(側根)

我不是只長在土裡，也會在地面上或是水中生長。

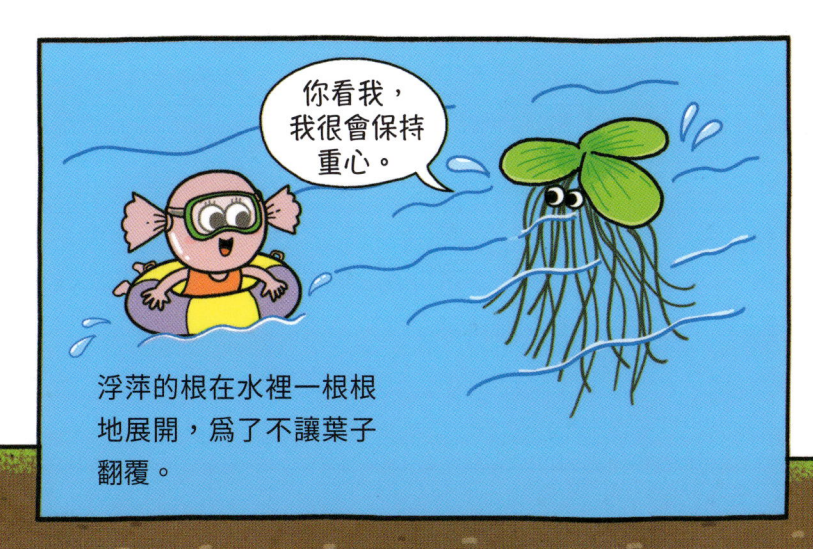

玉米的根為了鞏固高聳的莖不會倒掉，會長出土地上，努力支撐著。

呃呃！我要把你推倒！

就憑你？省省吧！

你看我，我很會保持重心。

浮萍的根在水裡一根根地展開，為了不讓葉子翻覆。

問題 我是植物成長所需要吸收的東西，那是什麼呢？
①元氣 ②牛肉 ③水

103

3 水

植物的生長跟動物一樣都需要水。
在我身體的尾端有很多鬚根。
這些鬚根會延伸散布,吸收土裡的水份,
然後傳輸給植物的根和葉子。

> 咕嚕咕嚕,謝啦!

> 找到水啦!吸好吸滿

我也會儲存養份。
富有養份的根變得結實又粗狀,叫做儲存根。
你們吃的地瓜、紅蘿蔔、白蘿蔔就是儲存根。

> 植物也要進食才能存活

> 喝水就可以頭好壯壯?

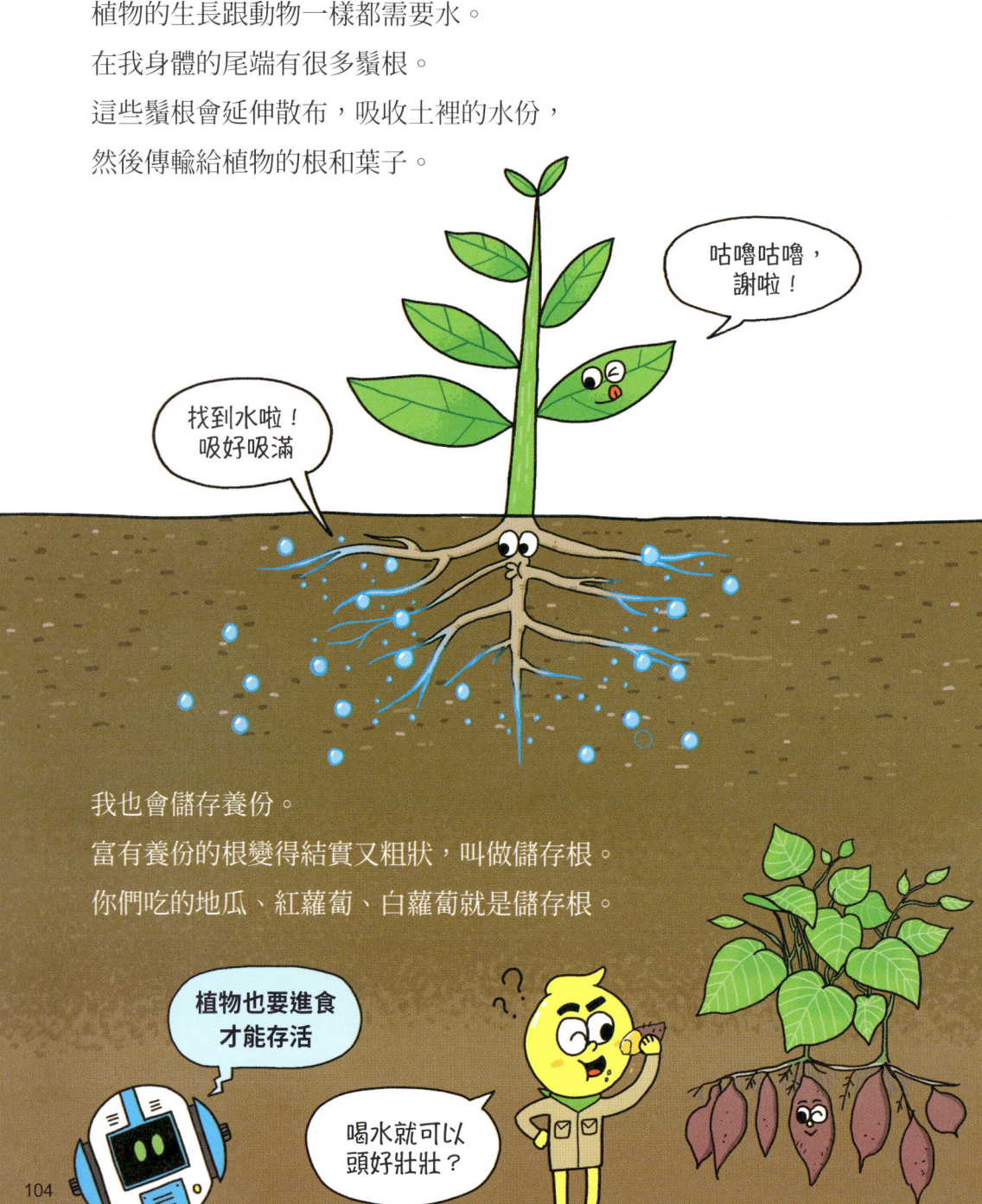

葉綠素

我幫助葉子製造養份，我的名字是什麼呢？

1. 葉綠素
2. 吃草的牛
3. 哈哈大師
4. 音樂高手

2

1 葉綠素

我們來仔細看看葉子！
葉片上有很多無數的小細胞葉綠體，
我就在那裡面，
葉子會呈現綠色也是因為我的緣故。

葉脈

葉片　　葉柄

我在進行相當重要的工作，就是製造植物所需的養份。
動物們會捉獵物吃，但是植物是直接製造養份吸收。

吼，我要開動了！

草很嫩耶！

等等，我也很餓啊！

那麼就來製作營養滿分的料理吧！

葉綠素的料理時間

材料：陽光、從根吸收的水份、從葉子接收到的二氧化碳

集合這三種材料　　光合作用料理完成！

氧氣團　　澱粉

以光合作用製成的澱粉，供給植物成長，氧氣則幫助呼吸。

問題　葉子們有更好進行光合作用的方法，是什麼呢？　①躲避陽光的技術　②葉子生長的規則

107

2 葉子生長的規則

光合作用要進行得好，就一定要接收足夠的陽光。
所以植物為了能夠更均勻照射到日光，
每片葉子都有生長的規則。
我們來看看各種不同葉子的形狀吧！

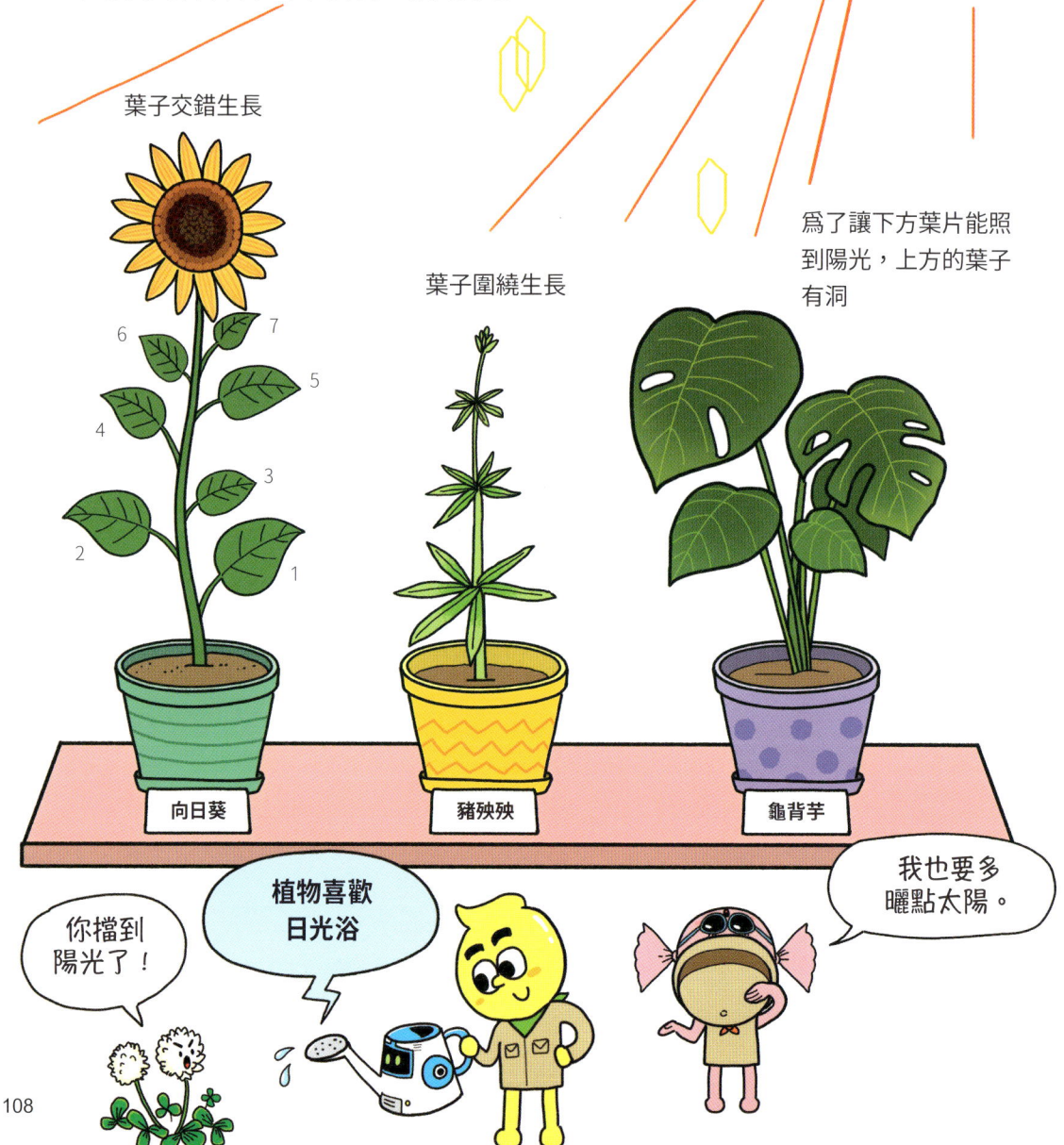

葉子交錯生長

葉子圍繞生長

為了讓下方葉片能照到陽光，上方的葉子有洞

向日葵

豬殃殃

龜背芋

你擋到陽光了！

植物喜歡日光浴

我也要多曬點太陽。

氣孔

我是植物葉子上的孔洞，我的作用是什麼呢？

1 空氣進出的門

2 植物界的男高音

3 使蟲子掉落的陷阱

4 排汗的汗孔

3

1 空氣進出的門

我在葉子的背面。

早晨陽光照射時，孔洞就會「嘩」地打開並開始忙碌的一天。

我們負責接收光合作用所需的二氧化碳。

氣孔

接收滿滿的二氧化碳，轉化成葉綠體！

二氧化碳

吸

吐

氧氣

將透過光合作用所製造的氧氣，
排到空氣中！

晚上陽光下山,因為不行光合作用,
所以孔洞會關閉。
但我們也不是這樣就能休息了喔!
呼吸所需的氧氣必須從狹窄的空隙吸收。
我們植物也像動物一樣要呼吸才能生存。

這不是我在早上
排出的氧氣嗎?

氧氣 氧氣 氧氣

吸

呼

二氧化碳 二氧化碳 二氧化碳

問題 我排出的不僅僅是空氣,還有什麼?
①甜甜的蜂蜜 ②非常苦的毒 ③濕濕的水

3 濕濕的水

從根吸收的水份,需要多少就使用多少。
剩餘的會以水蒸氣的形式排到空氣中,
這稱之為蒸散作用。

水蒸氣透過氣孔排出之後,
會再由根部吸水上來,再次填滿。

植物是自然的加濕器!

吸~吐~
空氣真新鮮!

莖

我是根部和葉子之間的枝幹，我的身體裡有什麼呢？

1. 胃和腸子
2. 電梯
3. 寶箱
4. 外星人

4

2 電梯

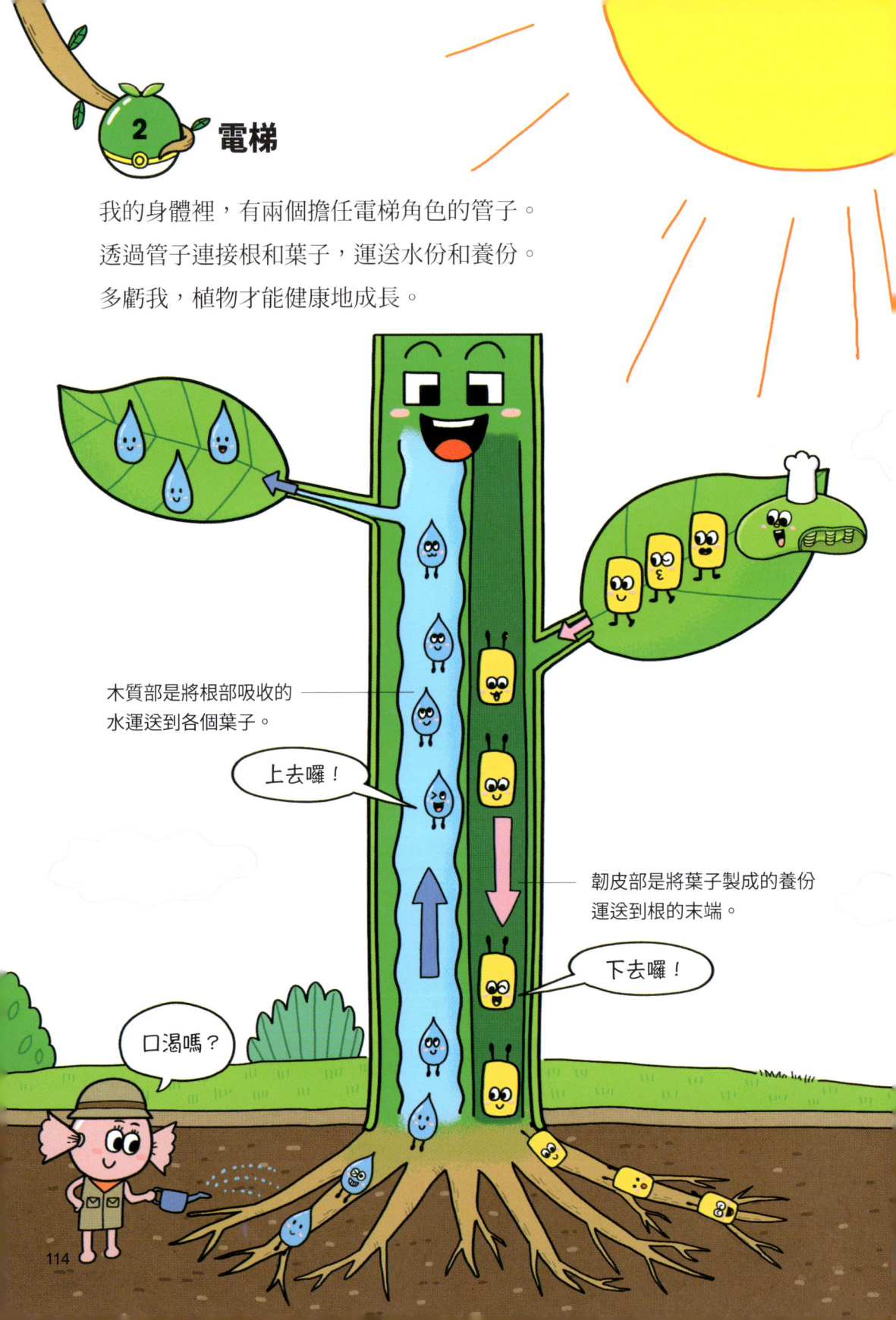

我的身體裡，有兩個擔任電梯角色的管子。
透過管子連接根和葉子，運送水份和養份。
多虧我，植物才能健康地成長。

木質部是將根部吸收的水運送到各個葉子。

上去囉！

韌皮部是將葉子製成的養份運送到根的末端。

下去囉！

口渴嗎？

114

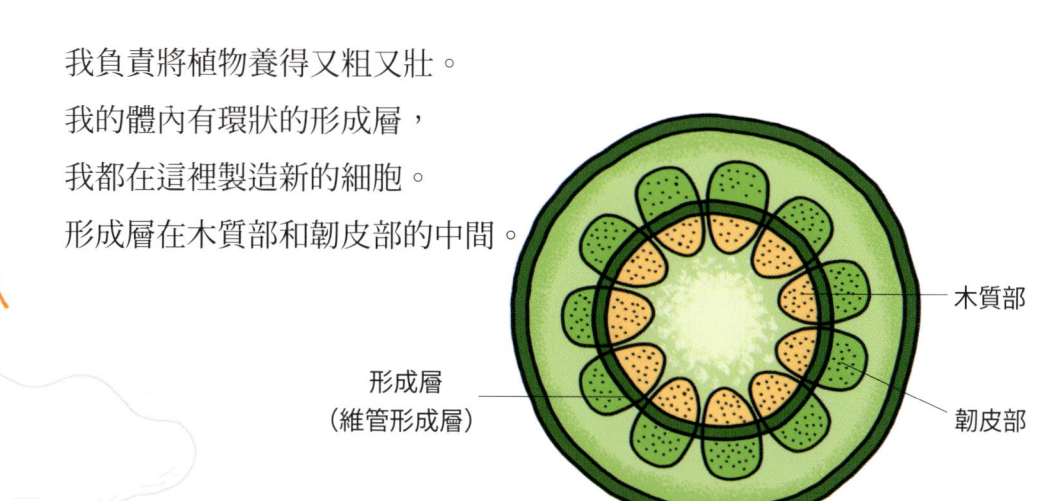

我負責將植物養得又粗又壯。
我的體內有環狀的形成層，
我都在這裡製造新的細胞。
形成層在木質部和韌皮部的中間。

木質部

形成層
（維管形成層）

韌皮部

讓植物長高是我的責任！

頂芽的生長點，會向著陽光
讓植物往上生長。

側芽的生長點也會讓根往旁邊
展開生長。

問題 長春藤的莖會攀牆往上成長，是為什麼呢？
①它喜歡攀岩 ②為了得到足夠的陽光

115

2 為了得到足夠的陽光

長春藤的莖長得就像青蛙腳趾的藤蔓，
它們沿著牆壁往上生長。
因為這樣就能照射到更多陽光。

越高陽光越充足！

西瓜的莖會沿著地上朝旁邊生長，
這樣可以往遠處延伸，也能有更多光源。

從這裡到那裡都是我的地盤！

照不到陽光的植物會怎麼樣呢？

植物是延伸高手！

狩獵植物

我們也會直接捕捉獵物，為什麼呢？

1. 飼料好難吃
2. 只靠光合作用，養份不足
3. 叫不到外送
4. 其實我是動物？！
5.

2 只靠光合作用，養份不足

我們住在陽光不足且潮濕的地方，所以很難行光合作用。
因此無法直接自行製造養份，必須要靠狩獵。
要來看看我們是如何捕獵蒼蠅的嗎？

被稱「蒼蠅地獄」的捕蠅草，是以葉子上的感覺毛來狩獵。蒼蠅在觸碰到捕蠅草的20秒內，會觸動2個以上的感覺毛，這個時候葉子就會瞬間闔上。

一旦進來就別想出去了

救命！

我們趕緊逃跑吧！

豬籠草用體內的消化液
設下陷阱來狩獵，
蒼蠅會因為想吸取消化液而掉進裡頭，
最後會被淹死。

茅膏菜以分泌黏液的腺毛來捕捉獵物。
蒼蠅停在葉子上，
這時葉子就會將蒼蠅捲起來包住。
之後會分泌消化液溶解蒼蠅，
吸取蒼蠅的養份。

別過來，我很難吃！

問題 植物中也有的會寄生在其它植物上，我們稱之為？
①口紅膠 ②黏著劑 ③寄生植物

3 寄生植物

我是淺粉紅色的蘋果花，
我能開地這麼漂亮的原因是什麼呢？

嘿咻，嘿咻！

你搶走了我的養份，我活不下去了！

即便沒有葉子和莖，我也能開出世上最大的花

呃，好臭啊！

日本菟絲子
緊緊包圍植物的莖吸取養份。

大王花
寄生在地上的藤蔓植物的莖或根，強奪養份。

植物真是不擇手段啊

長得也很奇特！

花也是知人知面不知心！

花

我是淺粉紅色的蘋果花，我能開得這麼漂亮的原因是什麼呢？

1. 我想成為選美冠軍
2. 為了裝飾美麗的風景
3. 為了找到另一半並結婚
4. 用來製作花束

3 為了找到另一半並結婚

仔細欣賞我美麗的樣子吧！
我的容貌中其實隱藏了一個祕密。

花的中心有一個雌蕊

運用花瓣華麗的顏色和模樣吸引昆蟲，還富含香氣，遠遠就能聞到。

雌蕊的周遭有好幾個細且長的雄蕊，末端有著滿滿能繁衍後代的花粉。

雌蕊柱下預備了肥大的子房，能養育子女長大。

真漂亮！

植物也像動物一樣會結婚，並生下子女。
植物的結婚是雄蕊的花粉與雌蕊的相遇。
雖然我裡面有雌蕊和雄蕊，
但如果想要產下優良的後代，必須要與其他的花授粉。
能夠幫助我完成這件事的朋友就是昆蟲！

> 藉由昆蟲吃花蜜時沾滿身體的花粉，傳遞到別的花上。

花朵偏小且不夠吸引昆蟲的植物，就需要藉由風的幫助。

> 呼～將雄花的花粉吹向雌花

問題　花粉附在柱頭上稱為什麼呢？
①授粉　②花節季　③花粉

1 授粉

花朵授粉會發生什麼事？

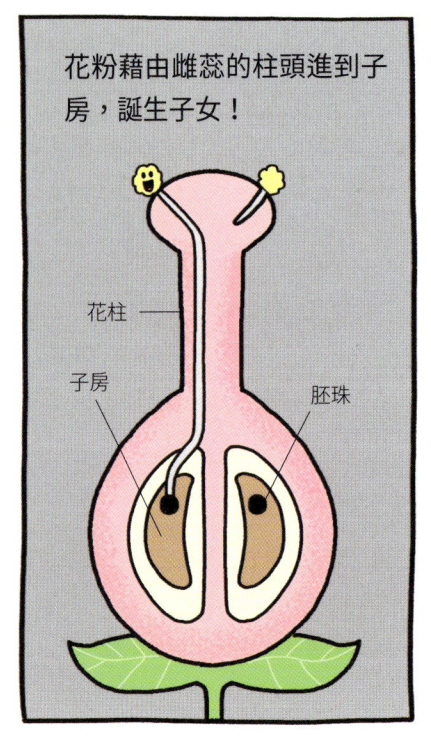

沒想到會這樣遇見，我們要結婚嗎？

好啊！

← 雌蕊

花粉 ↗

花粉藉由雌蕊的柱頭進到子房，誕生子女！

花柱
子房
胚珠

一但產生胚珠花就會凋謝，不久後胚珠就會長成種子，子房變成果實。

哇哇！

我是種子，在堅硬的果皮裡，有著子葉和養份

植物也會生寶寶！

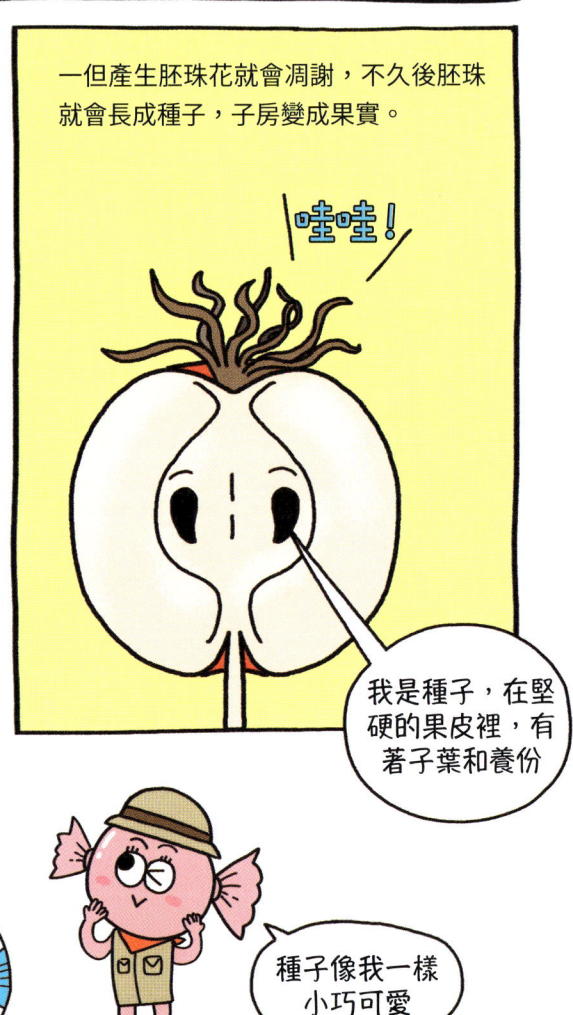

種子像我一樣小巧可愛

搬到遠方

種子誕生後就必須要獨自生活，最先要做的是什麼呢？

1. 洗臉
2. 搬到遠方
3. 製作計畫表
4. 向天祈禱

7

2 搬到遠方

我要發芽,就必須要脫離母樹。

因為母樹旁邊有陰影,很難照射到陽光。

可是我沒手沒腳,要怎麼搬家呢?

散發香氣吸引動物過來

好吃好吃

請熊來幫我搬家

我無法消化,透過糞便被排出。

這裡是我的新家。

動物糞便中有著成長所需要的養份。

是不是覺得我很聰明呢?

種子發芽長出幼苗了!

其它植物又是怎麼搬家的呢？

松樹種子和蒲公英種子藉由風來飛到遠處。

我有翅膀

我用冠毛飛翔

蒼耳種子附著在動物的皮毛上移動到遠處去。

我用掛鉤牢牢地勾著

住海邊的文殊蘭種子會在海上飄往其他陸地。

飄飄飄飄

問題

沒有種子的植物是誰呢？

①蕨菜　②妙蛙種子　③木魚

1 蕨菜

蕨菜沒有雌蕊和雄蕊所以不用結婚。

它們不會開花，也不會有種子。

那麼要怎麼發芽呢？別擔心，他有代替種子的孢子。

蕨菜長大後，葉子背面會有孢子囊，

孢子囊爆破的同時，

就像彈簧將孢子送到遠方使之發芽。

植物也是跳遠高手

發射！

要打電話給我喔！

128

樹木

我是比草活得更久的銀杏樹，
我可以活多久呢？

1 比草多活一天

2 抽籤來決定壽命（抽中50年！）

3 葉子全掉光為止（噹啷噹啷！）

4 千年以上

8

4 千年以上

今天是我一千歲生日，讓我來分享我的一生吧！

在很久很久以前某個溫暖的春天，我發芽了。

兩片葉子，可愛吧！

一到了涼爽的秋天，我就要為即將到來的冬天做準備。

孩子們，葉子的養份全都轉到莖部！

遵命！

擋住從根部到葉子的導管！

於是葉綠素會全部消失，葉子轉變為黃色。

這樣真的好嗎？

春天到了。

冬芽，起床囉！

已經春天啦？

肚子餓了，開始陽光吃到飽吧！

耶！

原來銀杏樹是計劃通！

到了15歲，終於也開花了。

我勤勞地吸收陽光後製造果實。

噁，好臭！我不敢吃！

嘻嘻！成功守護果實裡的種子！

羨慕松樹的綠油油外貌

寒冷的冬天什麼都不想做，不過為了明年，要好好照顧冬芽。

葉子和花都藏在厚實的皮裡

我吸收了很多陽光，長肉也長高了。

大家都還好嗎？

歲月如梭，終於來到了1000歲。

很難相信吧！我看起來還很年輕呢！

問題 有個方法能夠準確地知道樹的年紀，是什麼呢？
①數樹葉 ②問隔壁的樹 ③數年輪

3 數年輪

我們來將樹幹橫向剖開看看！
有看到一圈圈的圓狀線嗎？這就是年輪。
從中間開始每一年會長一圈。

淺色是春天和夏天生成的部分。

深色是秋天和冬天生成的部分。

被森林大火燻黑的痕跡。

像這樣，計算每年所產生的年輪圈數，
就能正確地知道樹齡。
年輪只有樹才有，草沒有。
因為草的壽命只有一、兩年，
沒有足夠的時間形成年輪。

植物的身體裡藏著許多祕密！

都還沒老就死了！

年輪代表年紀！

咦？那個尖尖的是什麼？

請勿觸碰

相思樹有著對動物警告「請勿觸摸！」的武器，那是什麼？

1. 禁止觸碰
2. 黃牌
3. 眨眼
4. 尖刺

9

4 尖刺

在非洲的相思樹怕動物們把葉子吃光，所以製造了我。

別過來！也別觸摸！
我很尖銳喔！

但是，這對長頸鹿來說好像不是難事。
因為樹頂部的刺最微弱，葉子會被吃光光。
所以相思樹把樹葉製造得很苦，
為的就是要讓長頸鹿不敢吃。
當尖刺守備不成時，
會和葉子相互合作把長頸鹿趕走。

嗯～好苦喔！
只能找別的吃了

作戰成功！

也來了解其它植物的武器吧！

當動物觸碰含羞草的瞬間，它會將水份脫去，闔起葉子。

葉子老了不好吃

沙沙！

日本續斷會將一對葉子合起，接住雨水儲存起來。當蟲子來吃葉子時就會讓他掉進陷阱，或是用水沖走。

嘩啦！ 嘩啦！

呃，救命啊！

玫瑰樹的葉子如果被毛毛蟲吃了的話，會散發出特別的氣體，將路過的黃蜂吸引過來幫忙。

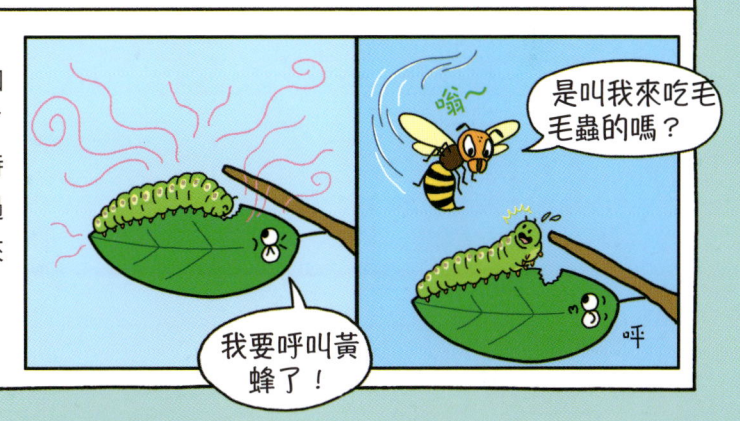

是叫我來吃毛毛蟲的嗎？

我要呼叫黃蜂了！

呼

問題：白樺木要保護自己時，所散發的物質稱為什麼？
①芬多精 ②屁 ③香水

135

1 芬多精

芬多精不是只有白樺木才有，
扁柏木、松樹等也有。
具有殺菌效果，
也能殺死殘害樹木的小蟲子，
但卻能讓人們感到舒暢。

呃，我都要被臭死了！

哇，令人心曠神怡的芬芳氣味

像這樣，植物的武器偶爾會成為對人類有益的藥物。

用能驅趕甲蟲的柳樹皮做成的退燒藥。

阿斯匹林 解熱劑

能殺死其他植物的大蒜嗆辣成分，製成能降低血壓的藥物。

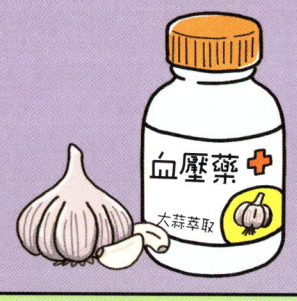

血壓藥 大蒜萃取

植物的放禦力真是出眾

退燒了

我們去那裡玩吧

森林

我是匯聚樹木的地方，
分佈在哪裡呢？

1. 故事書
2. 遍佈地球各處
3. 房間角落
4. 鍋子裡面

10

2 遍佈地球各處

森林佔據地球土地的30%。
如果將地球上的人、動物、
植物全集合起來量體重的話，
其中植物佔據99.9%，
這表示森林非常地多。
那麼從現在起，來介紹地球最棒的森林吧！

誰是第一名呢？

樹葉模樣就像針一樣尖！

維科揚斯克森林

位於地球上最冷的地方，冬天達到零下44度。
這裡陽光少，所以樹葉小而尖銳。
這裡能夠有森林，真的很了不起吧！

森林金氏世界紀錄

樹木們擋住陽光，所以陰陰的

紅木國立公園

有著地球上最高大的樹木所在的森林。
此森林位在美國，樹木的高度一般約100公尺左右。
進來這裡需要使用手電筒。

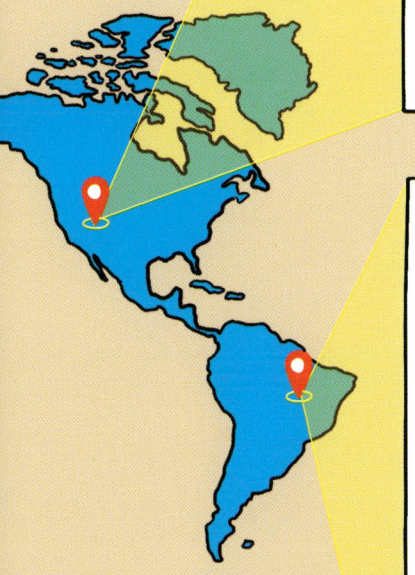

一望無際的森林！

亞馬遜熱帶雨林

地球上最大最寬的森林。
位於南美大陸，面積竟然是台灣的186倍。
這裡足足有1萬6千多種的樹木。
是很適合樹木生長的環境。

問題

人們將森林稱為「地球之◯」，答案是什麼呢？
①頭 ②肺 ③讚

139

2 肺

森林能吸收污染物質，轉換成乾淨的空氣，
也會製造其他生物所需的氧氣。
只有亞馬遜熱帶雨林能提供地球所需的20%的氧氣，
故又稱為地球之肺。

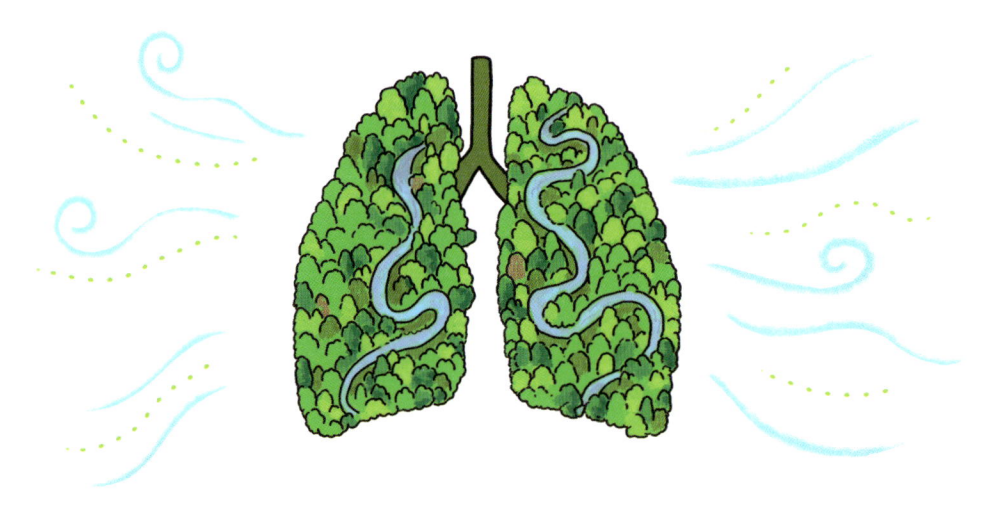

森林富含很豐富的水，降雨時樹根會儘量的汲取水份，
然後排出少量的水到河流中。
不僅如此，森林也是動物們的家，同時也是動物們的糧食。
植物是將自身擁有的，無私地分享給生物的存在。

植物真是偉大！

嘿嘿！

> 開心的糖果料理時間！

> 在空格中寫下地球人的10個關鍵字吧！

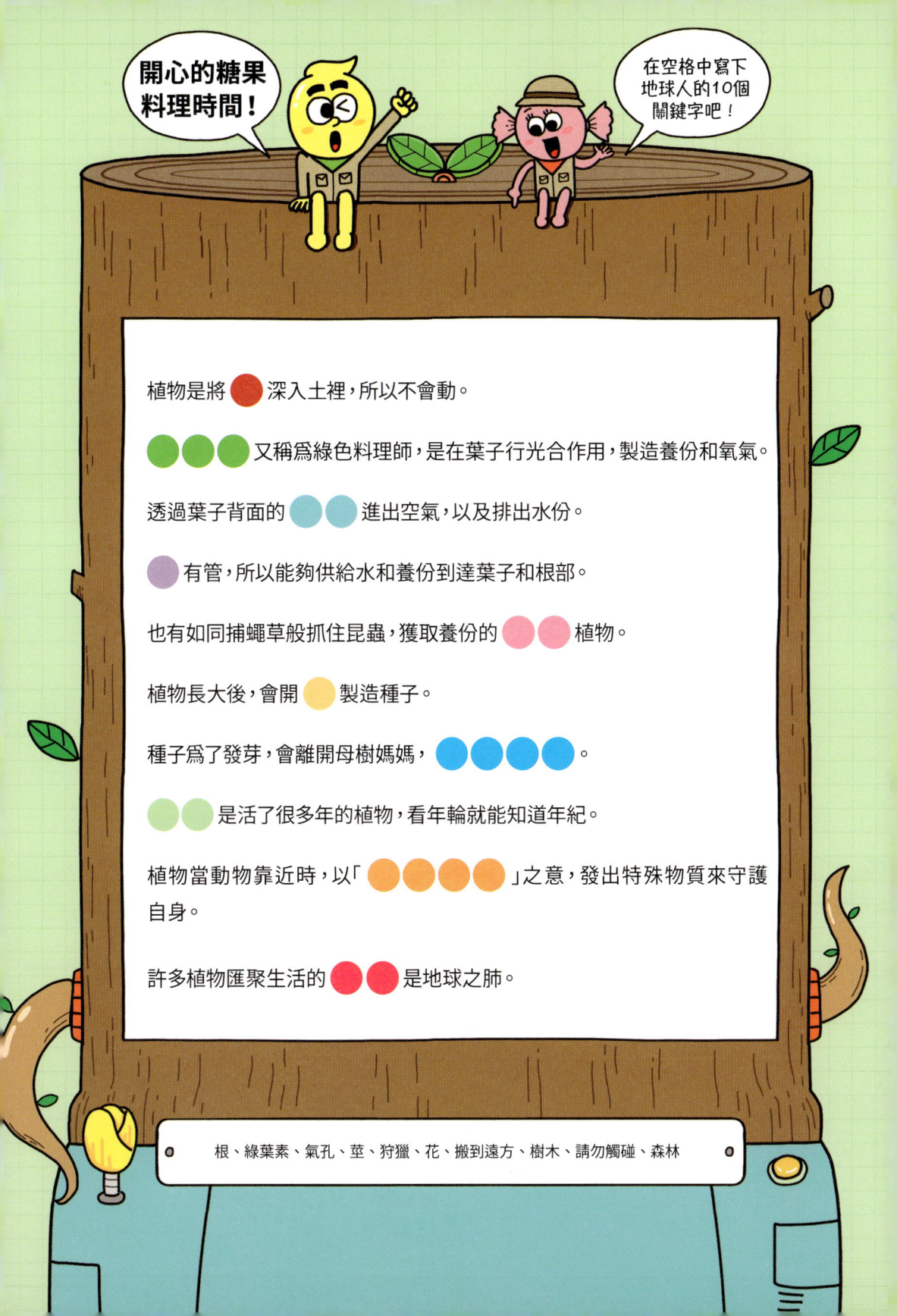

植物是將 🔴 深入土裡，所以不會動。

🟢🟢🟢 又稱為綠色料理師，是在葉子行光合作用，製造養份和氧氣。

透過葉子背面的 🔵🔵 進出空氣，以及排出水份。

🟣 有管，所以能夠供給水和養份到達葉子和根部。

也有如同捕蠅草般抓住昆蟲，獲取養份的 🩷🩷 植物。

植物長大後，會開 🟡 製造種子。

種子為了發芽，會離開母樹媽媽，🔵🔵🔵🔵。

🟩🟩 是活了很多年的植物，看年輪就能知道年紀。

植物當動物靠近時，以「🟠🟠🟠🟠」之意，發出特殊物質來守護自身。

許多植物匯聚生活的 🔴🔴 是地球之肺。

根、綠葉素、氣孔、莖、狩獵、花、搬到遠方、樹木、請勿觸碰、森林

哇！
全找到了！
現在就將這
10個關鍵字
丟入糖果機吧！
狩獵植物
花
搬到遠方
莖
根
葉綠素
氣孔
樹林
尖刺
森林
變身料理開始！
看我的魔法！
變成好吃的糖果吧！
一口氣跳進機器吧！
撲通
撲通
會出現怎樣的口味呢？
碰碰

這就是
綠油油的
植物味道

植物糖果
完成！

散發氧氣的
光合作用糖果

Orange Science 08

酸酸甜甜的生物科學糖果
探索生物學裡的10個關鍵字

陽華堂 著／南東完 圖

---出版發行---

作　　者	陽華堂	
繪　　者	南東完	
翻　　譯	魏汝安	
總　編　輯	于筱芬	CAROL YU, Editor-in-Chief
副總編輯	謝穎昇	EASON HSIEH, Deputy Editor-in-Chief
業務經理	陳順龍	SHUNLONG CHEN, Sales Manager
美術設計	點點設計×楊雅期	
製版／印刷／裝訂	皇甫彩藝印刷股份有限公司	

열 단어 과학 캔디: 생물 (10 Words Science – Biology)
Text copyright © Yanghwadang, 2024
Illustrations copyright © Dongwan Nam, 2024
First published in 2024 in Korea by Woongjin Thinkbig Co., Ltd.
Traditional Chinese edition © Cheng Shih Publishing Co., Ltd., 2025
All rights reserved.
This Traditional Chinese edition is published by arrangement with Woongjin Thinkbig Co., Ltd. through Shinwon Agency Co.

---出版發行---

橙實文化有限公司 CHENG SHI Publishing Co., Ltd
ADD／320013桃園市中壢區山東路588巷68弄17號
No. 17, Aly. 68, Ln. 588, Shandong Rd., Zhongli Dist., Taoyuan City 320014, Taiwan (R.O.C.)
TEL／（886）3-381-1618　FAX／（886）3-381-1620
粉絲團 https://www.facebook.com/OrangeStylish/
MAIL: orangestylish@gmail.com

---經銷商---

聯合發行股份有限公司
ADD／新北市新店區寶橋路235巷6弄6號2樓
TEL／（886）2-2917-8022　FAX／（886）2-2915-8614

初版日期 2025年3月